机电一体化技术基础

（第3版）

主　编　倪依纯　夏春荣
参　编　李荣芳　丁明华
主　审　朱崇志

北京理工大学出版社
BEIJING INSTITUTE OF TECHNOLOGY PRESS

图书在版编目（CIP）数据

机电一体化技术基础 / 倪依纯，夏春荣主编． -- 3
版． -- 北京：北京理工大学出版社，2021.7
ISBN 978 - 7 - 5763 - 0125 - 0

Ⅰ．①机… Ⅱ．①倪… ②夏… Ⅲ．①机电一体化 -
教材 Ⅳ．①TH - 39

中国版本图书馆 CIP 数据核字（2021）第 153603 号

出版发行 / 北京理工大学出版社有限责任公司	
社　　址 / 北京市海淀区中关村南大街 5 号	
邮　　编 / 100081	
电　　话 / （010）68914775（总编室）	
（010）82562903（教材售后服务热线）	
（010）68944723（其他图书服务热线）	
网　　址 / http://www.bitpress.com.cn	
经　　销 / 全国各地新华书店	
印　　刷 / 三河市天利华印刷装订有限公司	
开　　本 / 787 毫米 × 1092 毫米　1/16	
印　　张 / 10.5	责任编辑 / 多海鹏
字　　数 / 244 千字	文案编辑 / 辛丽莉
版　　次 / 2021 年 7 月第 3 版　2021 年 7 月第 1 次印刷	责任校对 / 周瑞红
定　　价 / 69.00 元	责任印制 / 李志强

江苏联合职业技术学院院本教材出版说明

江苏联合职业技术学院自成立以来，坚持以服务经济社会发展为宗旨、以促进就业为导向的职业教育办学方针，紧紧围绕江苏经济社会发展对高素质技术技能型人才的迫切需要，充分发挥"小学院、大学校"办学管理体制创新优势，依托学院教学指导委员会和专业协作委员会，积极推进校企合作、产教融合，积极探索五年制高职教育教学规律和高素质技术技能型人才成长规律，培养了一大批能够适应地方经济社会发展需要的高素质技术技能型人才，形成了颇具江苏特色的五年制高职教育人才培养模式，实现了五年制高职教育规模、结构、质量和效益的协调发展，为构建江苏现代职业教育体系、推进职业教育现代化做出了重要贡献。

我国社会的主要矛盾已经转化为人们日益增长的美好生活需要与发展不平衡不充分之间的矛盾，因此我们只有实现更高水平、更高质量、更高效益、更加平衡、更加充分的发展，才能全面实现新时代中国特色社会主义建设的宏伟蓝图。五年制高职教育的发展必须服从服务于国家发展战略，以不断满足人们对美好生活需要为追求目标，全面贯彻党的教育方针，全面深化教育改革，全面实施素质教育，全面落实立德树人根本任务，充分发挥五年制高职贯通培养的学制优势，建立和完善五年制高职教育课程体系，健全德能并修、工学结合的育人机制，着力培养学生的工匠精神、职业道德、职业技能和就业创业能力，创新教育教学方法和人才培养模式，完善人才培养质量监控评价制度，不断提升人才培养质量和水平，努力办好人民满意的五年制高职教育，为决胜全面建成小康社会、实现中华民族伟大复兴的中国梦贡献力量。

教材建设是人才培养工作的重要载体，也是深化教育教学改革、提高教学质量的重要基础。目前，五年制高职教育教材建设规划性不足、系统性不强、特色不明显等问题一直制约着内涵发展、创新发展和特色发展的空间。为切实加强学院教材建设与规范管理，不断提高学院教材建设与使用的专业化、规范化和科学化水平，学院成立了教材建设与管理工作领导小组和教材审定委员会，统筹领导、科学规划学院教材建设与管理工作，制定了《江苏联合职业技术学院教材建设与使用管理办法》和《关于院本教材开发若干问题的意见》，完善了教材建设与管理的规章制度；每年滚动修订《五年制高等职业教育教材征订目录》，统一组织五年制高职教育教材的征订、采购和配送；编制了学院"十三五"院本教材建设规划，组织18个专业和公共基础课程协作委员会推进了院本教材开发，建立了一支院本教材开发、编写、审定队伍；创建了江苏五年制高职教育教材研发基地，与江苏凤凰职业教育图书有限公司、苏州大学出版社、北京理工大学出版社、南京大学出版社、上海交通大学出版社等签订了战略合作协议，协同开发独具五年制高职教育特色的院本教材。

今后一个时期，学院将在推动教材建设和规范管理工作的基础上，紧密结合五年制高职教育发展新形势，主动适应江苏地方社会经济发展和五年制高职教育改革创新的需要，以学院 18 个专业协作委员会和公共基础课程协作委员会为开发团队，以江苏五年制高职教育教材研发基地为开发平台，组织具有先进教学思想和学术造诣较高的骨干教师，依照学院院本教材建设规划，重点编写和出版约 600 本有特色、能体现五年制高职教育教学改革成果的院本教材，努力形成具有江苏五年制高职教育特色的院本教材体系。同时，加强教材建设质量管理，树立精品意识，制订五年制高职教育教材评价标准，建立教材质量评价指标体系，开展教材评价评估工作，设立教材质量档案，加强教材质量跟踪，确保院本教材的先进性、科学性、人文性、适用性和特色性建设。学院教材审定委员会将组织各专业协作委员会做好对各专业课程（含技能课程、实训课程、专业选修课程等）教材出版前的审定工作。

本套院本教材较好地吸收了江苏五年制高职教育最新理论和实践研究成果，符合五年制高职教育人才培养目标定位要求。教材内容深入浅出，难易适中，突出"五年贯通培养、系统设计"专业实践技能经验的积累，重视启发学生思维和培养学生运用知识的能力。教材条理清楚、层次分明、结构严谨、图表美观、文字规范，是一套专门针对五年制高职教育人才培养的教材。

学院教材建设与管理工作领导小组
学院教材审定委员会

前　　言

科学技术的不断发展，工业生产中机电一体化技术的应用越来越广泛，现代化的自动生产设备几乎可以说都是机电一体化的设备。大部分高职院校都开设了机电一体化技术专业，把机电一体化技术作为主干课程。

学习机电一体化技术，必须要掌握机械加工技术、传感检测技术、液压与气压传动技术、自动控制技术、伺服传动技术、计算机控制与接口技术、可靠性和抗干扰技术等基本知识，具备机电一体化设备操作、安装、调试、维护和维修能力，能从事自动生产线等机电一体化设备的安装调试、维护维修、生产技术管理、服务与营销以及机电产品辅助设计与技术改造等工作。

教材结合职业院校学生的认知能力和专业特点，根据工厂的实际应用，牢牢把握职业院校的培养目标和要求，综合多年的工作教学经验与研究工作，编写了本书，旨在满足新形势下的教学需要。采用案例导入、学习任务引领，坚持图文并茂、适度提高的编写原则。引用了大量普通的生产、生活中能够接触到、学生所熟悉的案例来导入相关专业知识，按照学习任务来安排学习进程和内容。采用了知识链接的方式为学生专业能力的发展和提升提供必要的引领。在每个课题的最后提供学生的自我学习评价表，方便学生自主评价学习成效。

江苏省无锡交通高等职业技术学校倪依纯教授担任教材第一主编、统稿并编写了课题一、课题七，江苏省无锡交通高等职业技术学校夏春荣副教授担任第二主编，并编写了课题四、课题五、课题六，江苏省无锡交通高等职业技术学校李荣芳副教授编写了课题二；常熟高等职业技术学校丁明华老师编写了课题三。教材由江苏省淮安生物高等职业技术学校朱崇志老师担任主审。

教材适用于各类高等职业院校机电一体化专业教学及相关培训。

教材的编写得到了江苏联合职业技术学院、江苏联合职业技术学院智能控制专业建设指导委员会、各参编学校和主审学校、北京理工大学出版社等单位的领导和专家的大力帮助，在此表示深深的谢意！

由于编写人员水平有限，教材中难免会有一些错漏，敬请使用本教材的师生予以指正，不胜感谢之至！

编　者
2021 年 11 月

目 录

课题1 认识机电一体化技术

本课题学习思维导图

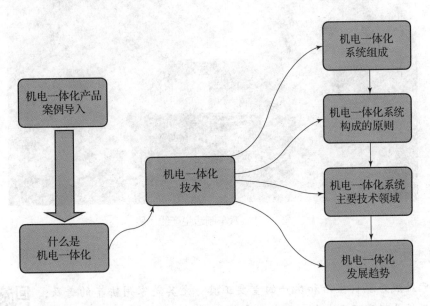

知识目标:认识什么是机电一体化技术;了解机电一体化系统的组成要素;了解机电一体化系统包含的关键技术;了解机电一体化技术的发展方向。

能力目标:初步具备识别什么是机电一体化系统的能力,锻炼观察、资料查阅、分析能力,培养求知欲。

素质目标:培养新时代青年学生应有的爱国情、责任与担当,培植精益求精、一丝不苟的工匠精神。

案例导入

1. 工业机器人

近年来,德国率先提出"工业4.0"概念,美国推行"先进制造伙伴关系"计划,日本实施"智慧制造系统",中国也提出了"中国制造2025"规划,这些都指向同一个目标,就是希望通过先进的信息技术与自动化技

工业机器人
工作视频

1

术来促进制造业的革新，以实现"智能化"，提升效率，降低成本。要实现这个目标，工业机器人是不可或缺的一环。

1920 年，"Robot"这个词被捷克剧作家创造出来，到现在机器人已经发展了近百年。从最初的单纯用于搬运的工业机器人，到第二代具有视觉传感器以及信息处理技术的工业机器人，再到目前正在研究的"智能机器人"，机器人技术得到了迅速的发展，工业机器人的应用日新月异。在众多制造业中，工业机器人应用最广泛的领域是汽车及汽车零部件制造业（图 1-1），并且正在不断地向其他领域拓展，如机械加工行业、电子电气行业、橡胶及塑料工业、食品工业、木材与家具制造业等领域。

图 1-1　汽车制造生产线场景

2. 现代汽车

汽车已经成为现代生活和生产的重要工具，尤其是家用轿车的普及，使我们的生活已经离不开汽车。汽车主要由发动机、底盘、电控系统构成。但在公众的印象中，它似乎主要是由机械技术和机械结构构成的机械装置。但是，大家知道吗？随着社会的发展，人类对汽车的性能和环保提出了更高的要求。传统的机械装置已经无法解决某些与汽车功能要求有关的问题，因而将逐步被电子技术和汽车融为一体的现代汽车电子控制系统所取代。

现代汽车产品

现代汽车的结构如图 1-2 所示。随着微电子技术和传感器技术的应用，汽车已经焕然一新了。当今对汽车的控制已由发动机扩大到全车，如实现自动变速换挡、防滑制动、雷达防碰撞、自动调整车高、全自动空调、自动故障诊断及自动驾驶等。汽车的控制系统中心内容已发展到以微机为中心的自动控制，不仅改善了汽车的性能、增加了汽车的功能，还实现了降低汽车油耗、减少排气污染、提高汽车行驶的安全性、可靠性、可操作性和舒适性。

以汽车行驶控制为例，其控制的重点是：

（1）汽车发动机的正时点火、燃油喷射、空燃比和废气再循环的控制，使燃烧充分、减少污染、节省能源；

图1-2 现代汽车的结构

(2) 汽车行驶中的自动变速和排气净化控制，可以使其行驶状态达到最佳化；

(3) 汽车的防滑制动、防碰撞控制，可以提高行驶的安全性；

(4) 汽车的自动空调、自动调整车高控制，可以提高其舒适性。

工业机器人和现代汽车最大的共同点就是机电一体化！下面，我们共同学习有关知识。

学习任务1　认识什么是机电一体化

机械技术在人类工业生产的历史上，一直占有非常重要的地位，至今依然如此。电气控制技术，尤其是计算机控制技术的发展历史要比机械技术的发展晚得多，但是，其发展势头极其迅猛！

随着现代控制技术的发展，传统的、单纯的机械技术已无法满足社会发展的需要，和电气控制系统，尤其是计算机控制系统的融合已是必然趋势。上述的两个例子就是很好的证明。一个新的交叉学科，多项技术融合的新技术领域由此应运而生了，那就是机电一体化！

20世纪70年代，机电一体化的概念引入中国，到90年代，我国提出"信息化带动工业化，工业化促进信息化"，开始推进CAD、CMA、MRP2（ERP）的应用，可以说开始了数字化制造的阶段。21世纪互联网在中国得到了广泛应用，数字化制造＋互联网也就是数字化、网络化制造应运而生。近年来，随着人工智能技术的突破，数字化、网络化制造加上人工智能，真正的智能制造时代已经到来。

机电一体化技术结合应用机械技术和电子技术于一体。随着计算机技术的迅猛发展和广泛应用，机电一体化技术获得前所未有的发展，并成为一门综合计算机与信息技术、自动控制技术、传感检测技术、伺服传动技术和机械技术等交叉的系统技术，目前正向光机电一体化技术方向发展，应用范围也越来越广。

机电一体化在国外被称为Mechatronics，是日本人在20世纪70年代初提出来的，它是将英文Mechanics的前半部分和Electronics的后半部分结合在一起构成的一个新词，意思是

3

机械技术和电子技术的有机结合。这一名称已经得到我国以及世界上其他国家的承认，我国的工程技术人员习惯上把它译为机电一体化技术，又称机械电子技术，它是机械技术、电子技术和信息技术有机结合的产物。

目前，比较得到公认的机电一体化定义是在机械主功能、动力功能、信息功能和控制功能上引进微电子技术，并将机械装置与电子装置用相关软件有机结合而构成系统的总称。图1-3所示为机电一体化系统框图。

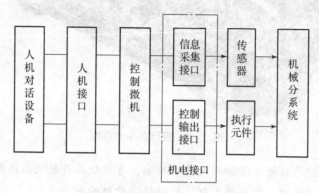

图1-3　机电一体化系统框图

学习任务2　机电一体化系统组成、特点、发展趋势

1. 机电一体化系统的组成

机电一体化技术是以微型计算机为代表的微电子技术、信息技术向机械工业领域的渗透，是机械与电子技术深度结合的产物。机电一体化技术综合应用了机械技术、微电子技术、信息技术、自动控制技术、传感测试技术等，根据系统功能目标，对各组成要素及其间的信息处理，接口耦合，运动传递，物质运动，能量变换进行研究，使整个系统有机结合与综合集成，且在高功能、高质量、高精度、高可靠性、低能耗等方面实现多种技术功能的复合。

机电一体化系统是指具有机电一体化技术特点的装置或系统，其五大组成要素为：结构组成要素、动力组成要素、运动组成要素、感知组成要素、智能组成要素。各大要素对应的结构分别是：机械本体、动力驱动部分、测试传感部分、控制及信息处理部分、执行机构。

机电一体化系统各要素（机构）的功能如下。

（1）机械本体（结构组成要素）：系统的所有功能要素的机械支持结构，一般包括机身、框架、支撑、连接等。

（2）动力驱动部分（动力组成要素）：依据系统控制要求，为系统提供能量和动力使系统正常运行。

（3）测试传感部分（感知组成要素）：对系统的运行所需要的本身和外部环境的各种参数和状态进行检测，并变成可识别的信号，传输给信息处理单元，经过分析、处理后产生相应的控制信息。

（4）控制及信息处理部分（智能组成要素）：将来自测试传感部分的信息及外部直接输入的指令进行集中、存储、分析、加工处理后，按照信息处理结果和规定的程序与节奏发出相应的指令，控制整个系统有目的的运行。

（5）执行机构（运动组成要素）：根据控制及信息处理部分发出的指令，完成规定的动作和功能。

2. 机电一体化系统构成的原则

构成机电一体化系统的五大组成要素之间必须遵循结构耦合、运动传递、信息控制与能量转换四大原则。

由于两个需要进行信息交换和传递的环节之间，信息模式不同（数字量与模拟量，串行码与并行码，连续脉冲与序列脉冲等）而无法直接传递和交换，必须通过接口耦合来实现。而两个信号强弱相差悬殊的环节之间，也必须通过接口耦合后，才能匹配。变换放大后的信号要在两个环节之间可靠、快速、准确地交换、传递，且必须遵循一致的时序、信号格式和逻辑规范，因此接口耦合时就必须具有保证信息的逻辑控制功能，使信息按规定的模式进行交换与传递，如 USB 接口、声卡接口等。

运动传递使构成机电一体化系统各组成要素之间不同类型运动的变换与传输更加优化，如齿轮齿条传动、曲轴传动等。

智能组成要素，也就是系统控制单元，在软、硬件的保证下，完成信息的采集、传输、储存、分析、运算、判断、决策，以达到信息控制的目的。对于智能化程度高的信息控制系统还包含了知识获得、推理机制以及自学习功能等知识驱动功能。

两个需要进行传输和交换的环节之间，由于模式不同而无法直接进行能量的转换和交流，必须进行能量的转换。能量的转换包括执行器、驱动器和它们的不同类型能量的最优转换方法及原理，如电动机将电能转化为机械能。

3. 机电一体化系统涉及的主要技术领域

（1）机械技术

机械技术是机电一体化的基础，其着眼点在于如何与机电一体化技术相适应，并利用其他高、新技术来更新概念，实现结构上、材料上、性能上的变更，并满足减小质量、缩小体积、提高精度、提高刚度及改善性能的要求。在机电一体化系统制造过程中，经典的机械理论与工艺应借助计算机辅助技术，同时采用人工智能与专家系统等，形成新一代的机械制造技术。

数控机床
加工视频

（2）计算机与信息技术

计算机与信息技术中的信息交换、存取、运算、判断与决策、人工智能技术、专家系统技术、神经网络技术均属于计算机信息处理技术。

（3）系统技术

系统技术即以整体的概念组织应用各种相关技术，从全局角度和系统目标出发，将总体分解成相互关联的若干功能单元，其中接口技术是系统技术中一个重要方面，它是实现系统各部分有机连接的保证。

（4）自动控制技术

自动控制技术的范围很广，如在控制理论指导下，进行系统设计，设计后的系统仿真、现场调试。控制技术包括高精度定位控制、速度控制、自适应控制、自诊断校正、补偿、再现、检索等。

（5）传感检测技术

传感检测技术是系统的感受器官，是实现自动控制、自动调节的关键环节，其功能越强，系统的自动化程度就越高。现代工程要求传感器能快速、精确地获取信息并能经受严酷环境的考验，故传感检测技术是机电一体化系统达到高水平的保护。

（6）伺服传动技术

伺服传动技术包括电动、气动、液压等各种类型的传动装置，而伺服系统是实现电信号到机械动作的转换装置与部件，其对系统的动态性能、控制质量和功能有着决定性的影响。

机器人核心部件伺服
电动机与控制系统资源

4. 机电一体化发展趋势

随着光学、通信技术、微细加工技术等进入了机电一体化领域，出现了光机电一体化和微机电一体化等新的分支。同时，对机电一体化系统的建模设计、分析和集成方法都进行了深入研究。人工智能技术、神经网络技术及光纤技术等领域均取得了巨大进步，并为机电一体化技术开辟了发展的广阔天地，也为产业化发展提供了坚实的基础。未来机电一体化的主要发展方向有以下几个。

（1）智能化

智能化是21世纪机电一体化技术发展的一个重要发展方向。人工智能在机电一体化建设者的研究中日益得到重视，机器人与数控机床的智能化就是其中一项重要应用。图1-4所示为智能机器人。

"智能化"是对机器行为的描述，是在控制理论的基础上，吸收人工智能、运筹学、计算机科学、模糊数学、心理学、生理学等新思想、新方法，模拟人类智能，使它具有判断推理、逻辑思维、自主决策等能力，以求得到更高的控制目标。当然，想要使机电一体化产品具有与人完全相同的智能，是不可能的，也是不必要的。但是，高性能、高速的微处理器使机电一体化产品赋有低级智能或人的部分智能，则是完全可能而必要的。

（2）模块化

模块化是一项重要而艰巨的工程。由于机电一体化产品种类和生产厂家繁多，研制和开发具有标准机械接口、电气接口、动力接口、环境接口的机电一体化产品单元是一项十分复杂但又是非常重要

图1-4 智能机器人

的事，如研制集减速、智能调速、电动机于一体的动力单元，具有视觉、图像处理、识别和测距等功能的控制单元，并能完成典型操作的机械装置。这样，可利用标准单元迅速开发出新产品，同时也可以扩大生产规模。这需要制定各项标准，以便各部件、单元的匹配和接口。

（3）网络化

计算机技术的突出成就是网络技术。网络技术的兴起和飞速发展给科学技术、工业生产、政治、军事、教育及人们的日常生活都带来了巨大的变革。各种网络将全球经济、生产连成一片，企业间的竞争也将全球化。机电一体化新产品一旦被研制出来，只要其功能独到，质量可靠，很快就会畅销全球。由于网络的普及，基于网络的各种远程控制和监视技术方兴未艾，而远程控制的终端设备本身就是机电一体化产品。

例如，现场总线和局域网技术已使家用电器网络化成大势，如图1-5所示，利用家庭网络（Home Net）将各种家用电器连接成以计算机为中心的计算机集成家电系统（Computer Integrated Appliance System，CIAS）。人们可以在家里分享各种高技术带来的便利与快乐。因此，机电一体化产品无疑将朝着网络化方向发展。

现代智能家居产品

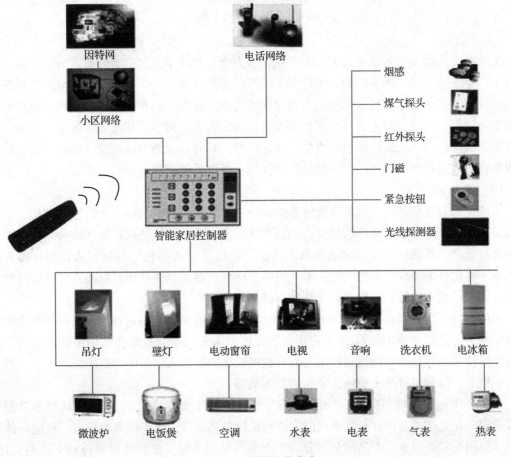

图1-5 网络化的家电

（4）微型化

微型化兴起于20世纪80年代末，它指的是机电一体化向微型机器和微观领域发展的趋势。国外称其为微电子机械系统（MEMS），泛指几何尺寸不超过1 cm^3 的机电一体化产品，并向微米、纳米级发展。微机电一体化产品体积小、耗能少、运动灵活，在生物医疗、军事、信息等方面具有不可比拟的优势。微机电一体化发展的瓶颈在于微机械技术，微机电一体化产品的加工采用精细加工技术，即超精密技术，它包括光刻技术和蚀刻技术两类，如图1-6所示。

（a）

（b）

图1-6 微型产品

（a）光刻机；（b）蚀刻机

（5）绿色化

工业的发达给人们生活带来了巨大变化：一方面，物质丰富，生活舒适；另一方面，资源减少，生态环境受到严重污染。于是，人们呼吁保护环境资源，回归自然。绿色产品概念在这种呼声下应运而生，可以说绿色化是时代的趋势。绿色产品在其设计、制造、使用和销毁的生命过程中，符合特定的环境保护和人类健康的要求，对生态环境无害或危害极少，资源利用率极高。因此，设计绿色的机电一体化产品，具有远大的发展前途。机电一体化产品的绿色化主要是指产品在使用时不污染生态环境，报废后能回收利用。

（6）系统化

系统化的表现特征之一就是系统体系结构进一步采用开放式和模式化的总线结构。系统可以灵活组态，进行任意剪裁和组合，同时寻求实现多个子系统协调控制和综合管理。系统化表现特征之二是通信、互动功能的大大加强，特别是"人格化"发展引人注目，即未来的机电一体化更加注重产品与人的关系。机电一体化产品的最终使用对象是人，故如何赋予机电一体化产品人的智能、情感、人性显得越来越重要。

2015年5月，国务院印发《中国制造2025》，这是我国实施制造强国战略第一个十年的行动纲领。伴随着"中国制造2025"计划的提出，未来制造业升级会与创新联系紧密，重在高新科技领域，如新一代信息技术、高档数控机床和机器人、节能与新能源汽车等。与此同时，机电一体化也将迎来更快、全新的发展机遇。

国家"十三五"规划提出，"中国制造"要转向"中国智造"。机电一体化技术是制造业实现自动化生产的基础，是关系到国家战略地位和体现国力水平的重要标志。机电一体化技术的应用是提高制造业产品质量和劳动生产率的重要手段，在制造领域得到了普遍应用，该技术正以前所未有的速度发展，大量新型现代化企业也应运而生，前景十分广阔。

任 务 训 练

1. 简述什么是机电一体化系统以及其包含的主要技术。
2. 简述机电一体化系统的组成要素、组成原则。
3. 简述机电一体化技术的前景。
4. 通过资料查阅，以一个你比较熟悉的、具有机电一体化特征的家用电器为例，分析其构成。

学 习 评 价

课题学习评价表

序号	主要内容	评价要求	配分	得分
1	机电一体化的定义	1. 明确地说出，什么是机电一体化； 2. 能根据机电一体化的概念，说出几种常见的机电一体化产品； 3. 通过查阅资料，叙述出机电一体化技术在国民经济发展中的重要作用	30	
2	机电一体化技术的特点和发展趋势	1. 能叙述机电一体化技术的特点； 2. 查阅资料，能说出机电一体化技术的发展趋势	25	
3	机电一体化技术的组成	1. 能明确叙述机电一体化主要的技术构成； 2. 对照某机电一体化产品，能正确指出各部分技术的运用成果； 3. 能结合学过的专业知识，对照机电一体化技术的发展要求，说出这些专业知识的重要性，明确需要进一步学习的内容	45	
备注			自评得分	

课题2 学习机械基础

本课题学习思维导图

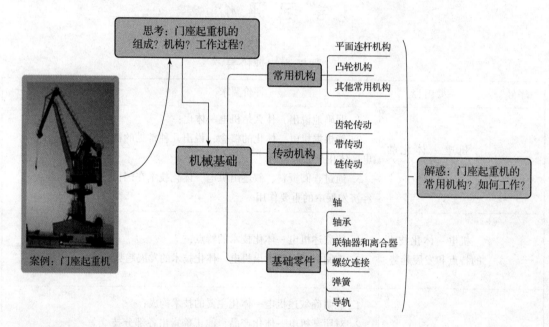

案例：门座起重机

知识目标：了解机械基础知识的范畴；熟悉常用机构类型；熟悉常用传动技术；了解齿轮系，熟悉轴、轴承及连接内容；了解机械常见材料；熟悉液压及气动技术。

能力目标：初步具备识别机械结构及工作过程的能力，锻炼其分析、知识小结、资料查阅、拓展学习的能力，培养继续学习的兴趣。

素质目标：培养新时代青年学生积极学习的态度、主动探究的精神、团结合作的精神、创新意识和思维。

案例导入

门座起重机

门座起重机是港口码头使用数量最多的、结构复杂、机构最多、最典型的装卸机械。它具有较好的工作性能和独特的优越结构，通用性好，被广泛地应用在港口杂货码头。

门座起重机主要由金属结构、工作机构（起升、运行、变幅及回转机构）、动力装置和控制系统组成，如图2－1所示。门座起重机可实现环形圆柱体空间货物的升降、移动，并可调整整机的工作位置，故可在较大的作业范围内满足货物的装卸。

图2－1　门座起重机实体图

　　在日常生产和生活中，我们要注意观察身边的事务，积极思考及探究。那么门座起重机如何实现货物环形圆柱体空间的运移？其整机含有哪些常用机构？请阅读下面的知识链接。

知识链接

门座起重机

1. 门座起重机组成

　　门座起重机（图2－2）简称门吊或门机，是电力驱动、有轨运行的臂架类起重机之一。它的构造大体可分为两大部分：上部旋转部分和下部运行部分。上部旋转部分安装在一个高大的门形底架（门架）上，并相对下部运行部分可以实现360°任意角度旋转。门架可以沿轨道运行，同时它又是起重机的承重部分。

　　门座起重机的上部旋转部分包括臂架系统、人字架、旋转平台、司机室等机构，还安装有起升机构、变幅机构、旋转机构。下部运行部分主要由门架和运行机构组成。

2. 门座起重机的技术参数

　　门座起重机的技术参数是门座起重机工作性能的指标，也是设计和选用起重机的依据。起重机的主要参数有：起重量、幅度、起升高度、各机构的工作速度、工作级别及生产率。此外，轨距、基距、外形尺寸、最大轮压、自重等也是重要参数。以M10－30港口门座起重机为例，表2－1列出了该型门座起重机的主要技术参数。

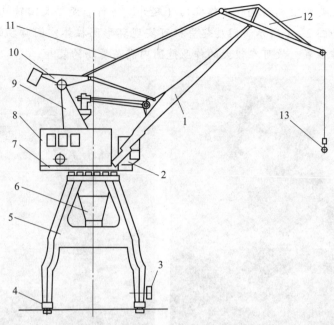

图 2-2　M10-30 门座起重机结构图

1—臂架；2—操纵室；3—电缆卷筒；4—运行机构；5—门架；6—回转柱；7—回转平台；
8—机器房；9—人字架；10—配重系统；11—拉杆；12—象鼻梁；13—吊钩

表 2-1　M10-30 型港口门座起重机的主要技术参数

起重量/t		10
起升高度/m	吊钩	25
	抓斗	16
幅度/m	最大	30
	最小	8.5
轨距/m		10.5
基距/m		10.5
起升速度/(m·min⁻¹)		60（最小下降3.5）
变幅速度/(m·min⁻¹)		52
回转速度/(r·min⁻¹)		1.48
运行速度/(m·min⁻¹)		27
电动机型号	起升	JZR₂72-10
	变幅	JZR₂52-8
	回转	JZR₂51-8
	运行	JZR₂31-6

起重量/t	10
最大轮压/kN	221
起重机最大高度/m	45
起重机总重/t	195

3. 门座起重机的工作过程

门座起重机四大工作机构中除行走机构在移位时需动作外，在货物装卸过程中起升、变幅与旋转三个机构相互配合以完成货物的装与卸，其中以起升为主，除了完成基本的装卸动作外，安全机构和安全措施也是系统的重点之一，如图2-3所示。

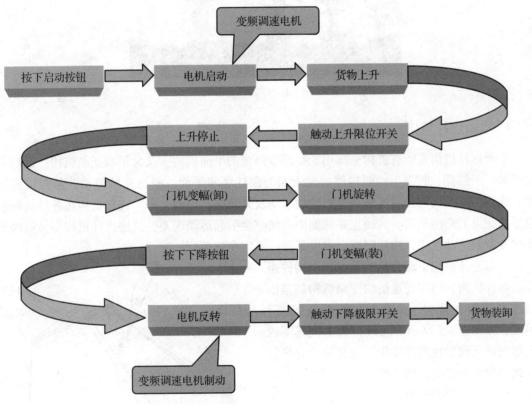

图2-3 门座起重机的工作过程

门座起重机的工作原理是：通过起升、变幅、旋转三种运动的组合，可以在一个环形圆柱体空间实现物品的升降、移动，并通过运行机构调整整机的工作位置，故可以在较大的作业范围内满足运移物品的需要。

学习任务1　认识常用机构

机构主要用以传递运动和动力或改变运动形式、运动轨迹等。图2-4所示为门座起重机实体图。门座起重机作业过程中货物的水平移动主要通过变幅机构实现，那么，门座起重机的变幅机构为机械中哪类常用机构呢？本任务主要学习几种常用机构：平面连杆机构、凸轮机构及其他常用机构。

图2-4　门座起重机实体图

1. 平面连杆机构

平面连杆机构是所有机构全部用低副连接而成的平面机构，又称平面低副机构。低副是面接触，压强低，磨损小；两构件接触表面为圆柱面和平面，制造比较简单，易获得高精度；此外，这类机构容易实现常见的转动移动及其转换。因而，平面连杆机构在各种机械和仪器中获得了广泛使用。其缺点是低副中的间隙会引起运动误差，这使连杆机构不易精确地实现复杂的运动规律，构件惯性力难以平衡，不宜高速运行。

平面连杆机构中最常见的是由四个构件组成的四杆机构。门座起重机的变幅机构就是由四连杆机构（臂架、象鼻梁、拉杆及机架）组成，如图2-5所示。通过臂架围绕其下铰点的转动从而实现俯仰动作，最终带动起吊的货物实现水平移动，即变幅。

（1）铰链四杆机构

铰链四杆机构中各构件之间均以转动副相连的四杆机构称为铰链四杆机构，如图2-6所示。其中，AD为机架，与机架相连的杆AB、CD称为连架杆。连架杆相对机架能作360°整周回转的称为曲柄，只能在一定角度（<360°）范围内做往复摇摆的称为摇杆。不与机架相连的杆BC称为连杆。

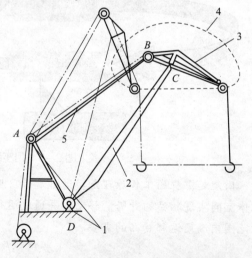

图2-5　四连杆式组合臂架工作原理图

1—机架；2—臂架；3—象鼻梁；4—双叶曲线；5—拉杆

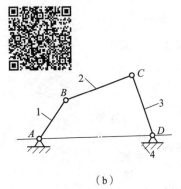

（a）　　　　　　　　　　　　　　　　　（b）

图2-6　铰链四杆机构

（a）机器人骑自行车；（b）铰链四杆机构简图

1、3—连架杆；2—连杆；3—机架

　　如图2-6所示，看似相同的构件，但名称及作用各不相同。我们在学习机械知识时，一定要仔细、严谨。由表2-2可见，生产及生活中，很多案例也是铰链四杆机构基本形式的体现。根据铰链四杆机构中两连架杆运动形式的不同，铰链四杆机构有三种基本型式：曲柄摇杆机构、双曲柄机构和双摇杆机构，见表2-2。

表2-2　铰链四杆机构基本类型及应用举例

类型	说明	举例	
		机构简图	机构运动分析
曲柄摇杆机构	两连架杆，一为曲柄，一为摇杆的铰链四杆机构	雷达天线机构	主动曲柄1转动，通过连杆2使固定在摇杆3上的天线做一定角度的摆动，以调整天线的俯仰角
		汽车刮雨器机构	主动曲柄AB转动，从动摇杆CD往复摆动，利用摇杆的延长部分实现刮水动作

类型	说明	举例	
		机构简图	机构运动分析
曲柄摇杆机构	两连架杆，一为曲柄，一为摇杆的铰链四杆机构	缝纫机踏板机构	将摇杆的往复摆动转换为曲柄的连续转动	操作工脚踩踏板往复摆动，即主动摇杆 CD 摆动，曲柄 AB 转动实现缝纫机飞轮的连续转动
双曲柄机构	两连架杆均是曲柄的铰链四杆机构	惯性筛机构（不等长双曲柄机构）	主动曲柄 AB 做匀速转动，从动曲柄 CD 做变速转动，通过构件 CE 使筛子产生变速直线运动，筛子内的物料因惯性而来回抖动
		铲斗机构（平行双曲柄机构）	两曲柄转向相同，角速度相等，连杆做平移运动。铲斗机构正是利用了连杆平动的特点，使铲斗中的土石不致泼出
		车门机构（反向双曲柄机构）	两曲柄的转向相反，角速度不相等。曲柄 AB 转动，能使两扇车门同时开启或关闭

续表

类型	说明	举例	
		机构简图	机构运动分析
双摇杆机构	两连架杆均为摇杆的铰链四杆机构	 臂架起重机变幅机构	主动摇杆 AB 的往复摆动经连杆 BC 转换为从动摇杆 CD 的往复摆动。变幅时，AB 摆动引起的物品升降依靠起升绳卷绕系统及时收进或放出一定长度的起升绳来补偿，从而使物品能沿着水平线或近似水平线移动
		电风扇摇头机构	电动机的输出轴带动 AB 转动时，构件 AB 带动两个从动摇杆 AD 和 BC 做往复摆动，从而实现电风扇摇头动作

（2）平面连杆机构的结构和维护

平面连杆机构是面接触的低副机构，低副中的间隙会引起运动误差，所以要注意保证良好的润滑以减少摩擦、磨损。要定期地检查运动副的润滑和磨损情况，以避免运动副严重磨损后间隙增大，进而导致运动精度丧失、承载能力下降。

维护机构的主要工作有清洁、检查、测试调整间隙、紧固紧固件、更换易损件、加润滑剂等。

2. 凸轮机构

凸轮机构为机械常用机构，应用广泛。内燃机的活塞在活塞缸中的伸缩运动、缝纫机紧线机构中从动紧线爪的往复运动，都是通过凸轮机构实现的。图 2－7 所示为内燃机内部机构，图 2－8 所示为缝纫机紧线机构。

凸轮机构

凸轮机构通常由原动件凸轮 1、从动件 2 和机架 3 组成，如图 2－9 所示。由于凸轮与从动件组成的是高副，所以是高副机构。凸轮机构可将凸轮的连续转动或移动转换为从动件的连续或不连续的移动或摆动，故可以实现许多复杂的运动要求，并且结构简单、紧凑而在各种机械，特别是自动机械中被广泛地应用。

图2-7　内燃机内部结构

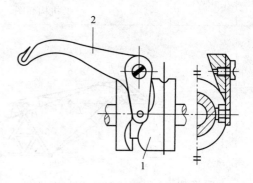

图2-8　缝纫机紧线机构

1—圆柱凸轮；2—从动紧线爪

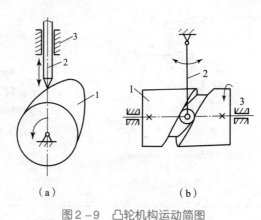

（a）　　　　　　　　（b）

图2-9　凸轮机构运动简图

（a）平面凸轮机构；（b）空间凸轮机构

1—凸轮；2—从动件；3—机架

（1）凸轮机构的分类

凸轮机构按构件形状与运动形式分为不同类型。

①按凸轮的形状分类：盘形凸轮（凸轮的基本形式）、圆柱凸轮、移动凸轮。

②按从动轮的结构型式分类，如图2-10所示：尖端从动件，适用于作用力不大和速度较低的场合，如仪器仪表中的凸轮控制机构等；滚子从动件，因其为滚动摩擦，磨损较小，故应用广泛；平底从动件，润滑较好，适用于高速传动的机构。

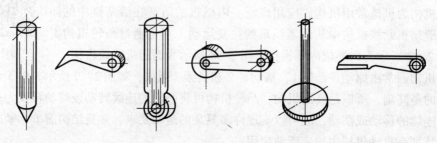

图2-10　从动轮的结构型式

③按从动件的运动形式分类：直动从动件与摆动从动件。

④按锁合方式分类：力锁合与形锁合。

（2）凸轮机构的应用

凸轮机构的结构简单紧凑，易于设计，只要适当地设计凸轮轮廓，就可以使从动件实现特殊的或复杂的运动规律；其缺点是凸轮轮廓曲线的加工比较复杂，且凸轮与从动件为点、线接触的高副机构，易磨损，不便润滑，故传力不大。在自动机或半自动机中，广泛应用着凸轮机构。

图2-11所示为凸轮机构可以使机构5实现预期运动规律的往复移动。利用图2-12所示的凸轮机构可以使构件4实现预期运动规律的往复摆动。而利用图2-13所示的双凸轮机构不仅可以使构件4实现预期的运动要求，而且可以使构件4上的F点按照所需要的轨迹运动。

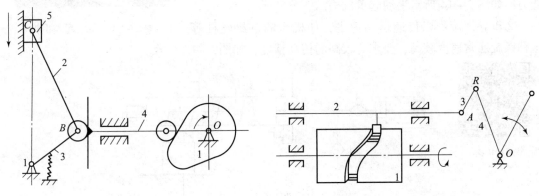

图2-11 实现预期运动的凸轮机构　　　　图2-12 往复摆动凸轮机构

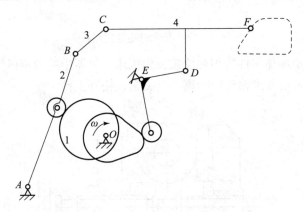

图2-13 双凸轮机构

凸轮机构中凸轮轮廓与从动件成的高副式点或线接触，难以形成润滑油膜，所以易磨损。一般凸轮多用在传递动力不大的场所。

3. 其他常用机构

在机械机构中，除前面介绍的平面连杆机构、凸轮机构外，还经常会用到螺旋机构和间歇运动机构等类型繁多、功能各异的机构。主动件做连续运动，从动件做周期性间歇运动的机构称为间歇运动机构，如棘轮机构、槽轮机构、不完全齿轮机构。

（1）螺旋机构

螺旋机构由螺杆、螺母和机架组成（一般把螺杆和螺母之一作成机架），其主要功用是将旋转运动变换为直线运动，并同时传递运动和动力，是机械设备和仪器仪表中广泛应用的一种传动机构。螺杆与螺母组成低副，粗看似乎有转动和移动两个自由度，但由于转动与移动之间存在必然联系，故仍只能被视为一个自由度。

按用途和受力情况，螺旋机构又可分为以下3种。

①传力螺旋：以传递轴向力为主，如起重螺旋或加压装置的螺旋。这种螺旋一般工作速度不高，且通常要求有自锁能力，如图2-14所示手动起重机构。

②传导螺旋：以传递运动为主，如机床的进给丝杠等。

图2-14　手动起重机构

这种螺旋通常速度较高，要求有较高的传动精度，如图2-15所示。

螺旋机构

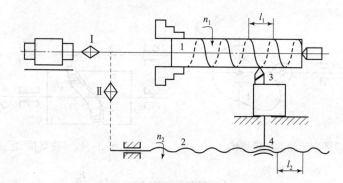

图2-15　车床进给螺旋丝杠

③调整螺旋：用于调整零件的相对位置，如机床、仪器中的微调机构。图2-16所示为虎钳钳口调节机构，可改变虎钳钳口距离，以夹紧或松开工件。

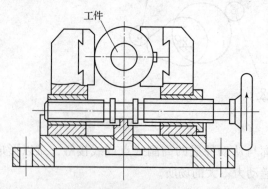

图2-16　虎钳钳口调节机构

螺旋机构具有结构简单、工作连续平稳、传动比大、承载能力强、传递运动准确，易实现自锁等优点，故应用广泛。

螺旋机构的缺点是摩擦损耗大、传动效率低。随着滚珠螺纹的出现，这些缺点已得到很大的改善。

（2）棘轮机构

图2-17所示的棘轮机构是由棘轮3、棘爪2、摇杆1、弹簧5及止动爪4组成的。曲柄摇杆机构将曲柄的连续转动换成摇杆的往复摆动。当摇杆顺时针摆动时，主动棘爪2啮入棘轮3的齿槽中，从而推动棘轮顺时针转动；当摇杆逆时针摆动时，主动棘爪2插入棘轮3的齿间，推动棘轮转过某一角度。此时，棘轮在止退棘爪的止动下停歇不动，扭簧的作用是将棘爪贴紧在棘轮上。在摇杆做往复摆动时，棘轮做单向时动、时停的间歇运动。因此，棘轮机构是一种间歇运动机构。

棘轮机构

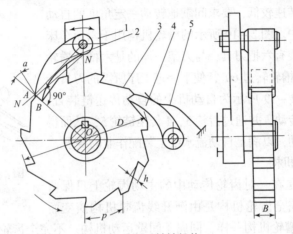

图2-17 棘轮机构

1—摇杆；2—棘爪；3—棘轮；4—止动爪；5—弹簧

棘轮机构可分为齿式棘轮机构和摩擦式棘轮机构两大类。

齿式棘轮机构有外啮合与内啮合两种形式。按棘轮齿形分，可分为锯齿形齿和矩形齿两种。矩形齿用于双向转动的棘轮机构。

（3）槽轮机构

槽轮机构是利用圆销插入轮槽时拨动槽轮，脱离轮槽槽轮停止转动的一种间歇运动机构，可分为外槽轮机构和内槽轮机构，其结构分别如图2-18（a）和图2-18（b）所示。

槽轮机构

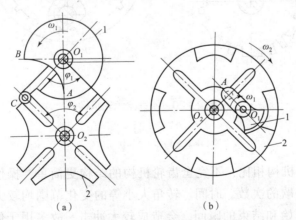

（a）　　　　　（b）

图2-18 槽轮机构

（a）外槽轮机构；（b）内槽轮机构

1—主动拨盘；2—从动槽轮

槽轮机构由带销的主动拨盘 1、具有径向槽的从动槽轮 2 和机架组成。拨盘 1 为主动件，做连续匀速转动，通过主动拨盘上的圆销与槽的啮入啮出，推动从动槽轮做间歇转动。为防止从动槽轮在生产阻力下运动，拨盘与槽轮之间设有锁止弧。锁止弧是以拨盘中心 O_1 为圆心的圆弧，只允许拨盘带动槽轮转动，不允许槽轮带动拨盘转动。

槽轮机构结构简单，转位方便，工作可靠，传动平稳性较好，能准确控制槽轮转动的角度。但槽轮的转角大小受槽数 Z 的限制，不能调整，且在槽轮转动的始、末位置存在冲击，因此，槽轮机构一般应用于转速较低，要求间歇地转动一定角度的自动机的转位或分度装置中。图 2-19 所示的槽轮机构用于六角车床刀架转位上。刀架上装有六把刀具，与刀架一体的是六槽外槽轮 2，拨盘 1 回转一周，槽轮转过 60°，使下一道工序所需的刀具转换到工作位置上。图 2-19 所示为自动机中的自动传送链装置，拨盘 1 使槽轮 2 间歇传动，并通过齿轮 3、4 传至链轮 5，从而得到传送链 6 的间歇运动，以满足自动流水线上装配作业的要求。

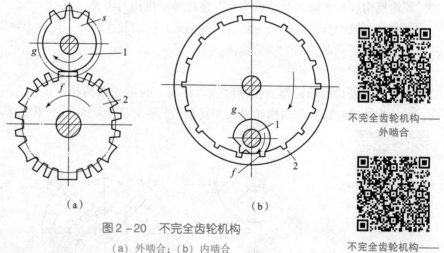

图 2-19 六角车床刀架
1—拨盘；2—槽轮；3，4—齿轮；
5—链轮；6—链条；7—料斗

（4）不完全齿轮机构

不完全齿轮机构是在一对齿轮传动中的主动齿轮上只保留 1 个或几个轮齿。不完全齿轮机构是由渐开线齿轮机构演变而成的，与棘轮机构、槽轮机构一样，同属于间歇运动机构。不完全齿轮机构有外啮合和内啮合两种，如图 2-20 所示。

不完全齿轮机构——外啮合

不完全齿轮机构——内啮合

（a）

（b）

图 2-20 不完全齿轮机构
（a）外啮合；（b）内啮合
1—主动齿轮；2—从动齿轮

与其他间歇运动机构相比，不完全齿轮机构的结构更简单，操作更可靠，且传递力大，从动轮转动和停歇的次数、时间、转角大小等的变化范围均较大。其缺点是工艺复杂，从动轮运动的开始和结束的瞬间，会造成较大冲击，故多用于低速、轻载场合。例如，在多工位自动、半自动机械中，用作工作台的间歇转位机构及某些间歇进给机构、计数机构等。

学习任务 2　认识传动机构

1. 齿轮传动

齿轮传动是机械传动中最重要的一种传动形式,各种机械设备几乎都离不开齿轮传动,包括汽车、飞机、发电设备等。齿轮传动是利用两齿轮的轮齿相互啮合传递动力和运动的机械传动。在平时的学习过程中及后续的工作中,要学会相互配合,团结合作,发挥所长,才能顺利完成任务,共同进步。

（1）齿轮传动的类型

通常可按齿轮轴线的相对位置、齿轮啮合的情况、齿轮曲线的形状、齿轮传动的工作条件及齿面的硬度等进行分类。

齿轮传动根据齿廓形式不同,有渐开线齿轮传动、摆线齿轮传动、圆弧齿轮传动等。应用最广泛的是渐开线齿轮传动,其传动的速度和功率范围很大;线速度可达200 m/s;功率可达40 000 kW;传动效率高,一对齿轮可达0.98~0.995;传动比稳定;结构紧凑;对中心距的敏感性小,即互换性好,装配和维修方便;可以进行变位切削及各种修形、修缘,从而提高传动质量;易于进行精密加工。但制造成本较高,需要专门的机床、刀具和测量仪器等。

齿轮传动按其工作条件,可以分为开式齿轮传动和闭式齿轮传动。在开式传动中,齿轮暴露在外界,杂物容易侵入齿轮啮合区域,不能保证良好的润滑,且传动系统精度和刚度都较低,故只适用于低速传动。在闭式传动中,齿轮封闭在刚度很好的箱体内,能保持良好的润滑。

根据传动过程中两个齿轮轴线的相对位置,齿轮传动可分为三类:圆柱齿轮传动、圆锥齿轮传动和蜗杆蜗轮传动。圆柱齿轮传动用于两轴线平行时的传动,圆柱齿轮的轮齿有直齿、斜齿和人字齿三种,如图2-21 (a) ~图2-21 (e) 所示。圆锥齿轮传动用于两轴线相交时的传动,如图2-21 (f) 所示。蜗杆蜗轮传动用于两轴线交错时的传动,如图2-21 (g) 所示。

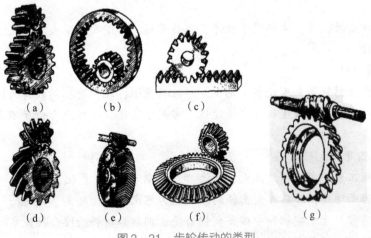

图2-21　齿轮传动的类型

齿轮材料及其热处理

齿轮材料及其热处理是影响齿轮承载能力和使用寿命的关键因素。根据齿轮的失效形式，在选择齿轮材料及其热处理时，要综合考虑轮齿的工作条件（如载荷的大小、工作环境等）、加工工艺、材料来源及经济性等因素，使齿轮在满足性能要求的同时具有较低的成本。为了使齿轮能够正常地工作，应满足"齿面要硬，齿芯要韧"的要求，即轮齿表面具有较高的硬度，以增强它的抗点蚀、抗磨损、抗胶合和抗塑性变形的能力；轮齿芯部具有较好的韧性，以增强它承受冲击载荷的能力。

(1) 齿轮的材料

齿轮常用的材料有钢、铸铁、非金属材料等。齿轮的常用材料是锻钢，只有当齿轮的尺寸较大（400 mm $< a <$ 600 mm）或结构复杂不容易锻造时，才采用铸钢。在一些低速轻载的开式齿轮传动中，也常采用铸铁齿轮。在高速、小功率、精度要求不高或需要低噪声的特殊齿轮传动中，可以采用非金属材料齿轮。

1) 锻钢

锻钢（包括各种轧钢）的力学性能比铸钢要好，因此齿轮材料首选锻钢。

软齿面齿轮：常用的材料有45、50、40Cr、35SiMn，热处理方法一般是调质或正火处理，其齿面硬度较低，齿面的精加工可以在热处理后进行，以消除热处理变形，保持齿轮的精度，易于跑合，但是不能充分发挥材料的承载能力，广泛应用于对强度和精度要求不太高的一般中低速齿轮传动，以及热处理和齿面精加工比较困难的大型齿轮。

硬齿面齿轮：常用的材料有20Cr、20CrMnTi、38CrMoAl、45、40Cr等，采用渗碳淬火、表面淬火、整体淬火等热处理。硬齿面正逐渐得到广泛使用。

2) 铸钢

耐磨性和强度均较好，承载能力稍低于锻钢，常用于尺寸较大（400 mm $< d <$ 600 mm）且不宜锻造的场合。

3) 铸铁

抗弯及耐冲击性较差，主要用于低速、工作平稳、传递功率不大和对尺寸与重量无严格要求的开式齿轮。

4) 非金属材料

常用的非金属材料如夹布胶木、尼龙，弹性模量小，在承受相同载荷的情况下，接触应力低，但它的硬度、接触强度和抗弯强度低。常用于高速、小功率、精度不高或要求噪声低的场合。

(2) 齿轮热处理

齿轮热处理工艺一般有调质正火、碳渗（或碳氮共渗）、氮化、感应淬火四类。当前总的趋势是提高齿面硬度，渗碳淬火齿轮的承载能力可比调质齿轮高2~3倍。

调质处理通常用于中碳钢和中碳合金钢齿轮。调质后材料的综合性能良好，容易切削和跑合。正火处理通常用于中碳钢齿轮。正火处理可以消除内应力，细化晶粒，改善材料的力学性能和切削性能。

　　硬齿面齿轮的硬度大于 350HBS，故采用的热处理方法是表面淬火、表面渗碳淬火与渗氮。表面淬火处理通常用于中碳钢和中碳合金钢齿轮。经过表面淬火后齿面硬度一般为40～55HRC，这不仅增强了轮齿齿面抗点蚀和抗磨损的能力，而且齿芯仍然保持良好的韧性，故可以承受一定的冲击载荷。渗碳淬火齿轮可以获得很高的表面硬度、耐磨性、韧性和抗冲击性能，能提供高的抗点蚀、抗疲劳性能。

　　与大齿轮相比，小齿轮循环次数较多，而且齿根较薄。两个软齿面齿轮配对时，一般使小齿轮的齿面硬度比大齿轮高出 30～50HBS，使一对软齿面传动的大小齿轮的寿命接近相等，也有利于提高轮齿的抗胶合能力。而两个硬齿面齿轮配对时的大小齿轮的硬度大致相同。

　　（2）齿轮传动的应用

　　齿轮已涉足各行各业的多种产品，如图 2－22 所示。减速器、汽车及门座起重机等均为齿轮传动应用的例子。门座起重机的回转机构就是通过大型齿轮传动实现扩大货物的装卸范围的。

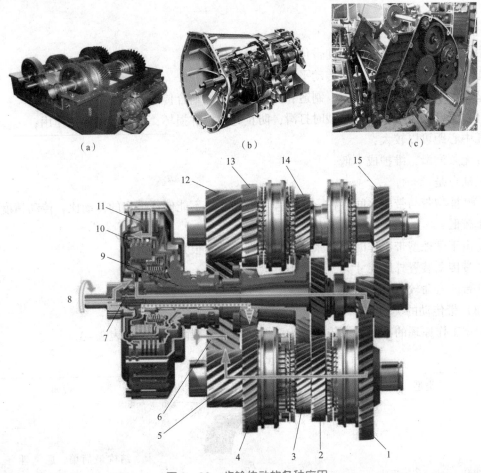

图 2－22　齿轮传动的各种应用

（a）减速器中齿轮的应用；（b）轿车转向器中齿轮的应用；

（c）外啮合齿轮泵中齿轮的应用；（d）汽车变速器中齿轮的应用

1，3—挡齿（啮合）；2，4，14，15—挡齿；5，12—输出到差速器；6—差速器；7—输入轴1；8—发动机；

9—输入轴2；10—离合器2；11—离合器1；13—倒挡齿

2. 带传动

（1）带传动的定义及组成

带传动一般由主动轮 1、从动轮 2 和传动带 3 所组成，如图 2-23 所示。带传动以具有弹性和柔性的带作为挠性件绕在两个或两个以上的带轮上，依靠带与带轮之间所产生的摩擦（或啮合）来传递运动和动力。

带传动

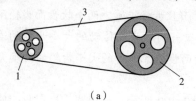（a）

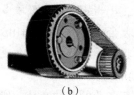（b）

图 2-23 带传动

（a）摩擦型带传动；（b）啮合型带传动

1—主动轮；2—从动轮；3—传动带

（2）带传动的特点

由于带具有弹性和柔性而使带传动具有以下优点：

①吸收振动，缓和冲击，传动平稳，噪声小；

②摩擦型带传动结构简单，制造和安装精度不像啮合传动那样严格；

③对于摩擦型带传动，过载时打滑，防止其他机件损坏，起到过载保护作用；

④中心距可以较大；

⑤无须润滑，维护成本低。

其缺点是：

①摩擦型带与带轮之间存在一定的弹性滑动，故不能保证恒定的传动比，传动精度和传动效率较低；

②由于摩擦型带工作时需要张紧，带对带轮轴有很大的压力；

③带传动装置外廓尺寸大，结构不够紧凑；

④带的寿命较短，需经常更换。

（3）带传动的类型

根据工作原理的不同，带传动分为摩擦型和啮合型两大类，见表 2-3。

表 2-3 带传动的类型

类型		简图	说明
摩擦型	平带	F_Q F_N	结构最简单，屈挠性好，易于加工，在传动中心距较大的场合应用较多

续表

类型		简图	说明
摩擦型	V带		传动比较大，承载能力大，结构紧凑，一般机械常用 V 带传动
	特殊带 多楔带		带体柔性好，结构合理，寿命长，传动效率高，适用于结构要求紧凑、传动功率大的高速传动
	圆带		适用于缝纫机、仪表等低速、小功率传动
啮合型	同步带		传动平稳，传动比准确，传动精度高，结构较复杂，传动比准确，传动效率高，用于对制造、安装的精度要求高的场合

知识链接

带传动的材料

平型动力传动胶带的骨架材料为帆布。无炭黑胶料的平型动力传动胶带可采用棉帆布，以使带体美观，操作方便。维尼纶帆布或维棉混纺纱帆布既有一定的尺寸稳定性，又易与橡胶黏合，是平型传动胶带较为理想的骨架材料。大功率动力传动带以棉帆布为骨架材料时需采用重型帆布或通过增大帆布层数获得足够的强度，但由于带体厚且质量较大，使传动带的屈挠性变差，传动能耗增大，因此最好采用聚酯帆布。

国外发达国家 V 带骨架材料已基本实现了线绳化，我国 V 带工业也把线绳化作为发展方向，但目前还有相当数量的帘布结构包布式 V 带。

目前，国内包布式 V 带采用聚酯帘布或维尼纶帘布。聚酯帘布在浸渍热处理工艺中应适当加大拉伸负荷，使其断裂伸长率控制在 12% 以下，以保证 V 带有足够的尺寸稳定性。由于 V 带生产厂的压延设备大多数为三辊压延机，因此帘布幅宽比轮胎用帘布小，一般为 133 cm 或 91.5 cm。

包布式 V 带用线绳（软线绳）多采用聚酯线绳，国外也有一定量的芳纶线绳、人造丝线绳、维尼纶线绳和尼龙线绳。切割式 V 带用线绳（硬线绳）要求有整体性，普遍采用聚酯硬线绳，而芳纶硬线绳主要用于有特殊要求、价值较高的胶带。聚酯硬线绳可用普通聚酯长丝制造。

同步带用线绳除应具备 V 带线绳的各项性能外，对尺寸稳定性有极高的要求。通常采用芳纶或玻璃纤维线绳，微型同步带也可采用聚酯线绳，聚氯酯同步带用线绳无须进行浸渍处理，成品胶带透明美观。

（4）带传动的应用

一般情况下，带传动传递的功率 $P \leqslant 100$ kW，带速 $v = 5 \sim 25$ m/s，平均传动比 $i \leqslant 5$，传动效率为 94% ~ 97%。同步齿形带的带速为 40 ~ 50 m/s，传动比 $i \leqslant 10$，传递功率可达 200 kW，效率高达 98% ~ 99%，多用在需要精确传动比的地方。对于不需精确传动比的场合，其他形式的带传动被广泛应用，尤其是在传动中心距较大的场合，如农业机械，食品加工机械，汽车、自动化设备等，如图 2-24 所示。

（a） （b）

图 2-24 带传动的应用

（a）带式输送机；（b）斗轮机堆取料机

多楔带（兼平带）传动

（c） （d）

图2-24 带传动的应用（续）

（c）拖拉机；（d）轿车发动机

链传动

3. 链传动

（1）链传动的组成及工作

链传动由装在平行轴上的链轮和跨绕在两链轮上的环形链条所组成，如图2-25所示，以链条作中间挠性件，靠链条与链轮轮齿的啮合来传递运动和动力。

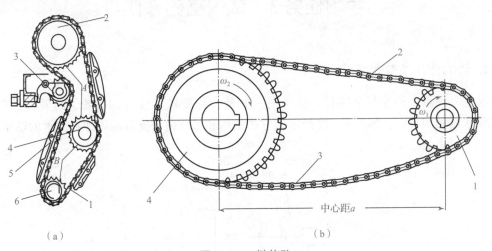

（a） （b）

图2-25 链传动

（a）自行车

1—链传动；2—凸轮轴正时链轮；3—张紧轮；4—中间链轮；5—导链板；6—曲轴正时链轮

（b）链传动简图

1—主动轮；2—紧边；3—松边；4—从动轮

（2）链传动的特点

链传动结构简单，耐用、维护容易，故常用于中心距较大的场合。与带传动相比，链传动能保持准确的平均传动比；没有弹性滑动和打滑；需要的张紧力小；能在温度较高，有油污等恶劣环境条件下工作。与齿轮传动相比，链传动的制造和安装精度要求较低；成本低廉；能实现远距离传动；但瞬时速度不均匀，瞬时传动比不恒定；传动中有一定的冲击和噪声。

（3）链传动的应用

链传动的传动比 $i \leq 8$；中心距 $a \leq 5 \sim 6$ m；传递功率 $P \leq 100$ kW；圆周速度 $v \leq 15$ m/s；

传动效率 $h = 0.92 \sim 0.96$。链传动广泛用于矿山机械、农业机械、石油机械、机床及机动车辆中，如图 2 - 26 所示。

（a）　　　　　　　　　　　　　　　　（b）

图 2 - 26　链传动的应用

（a）摩托车；（b）四轮机动车

学习任务 3　认识基础零件

1. 轴的作用及分类

轴是一种重要的非标准零件，其功用主要是支持旋转零件（如齿轮、凸轮、带轮等）并能传递运动和转矩，如图 2 - 27 所示。它的结构和尺寸由被支持的零件和支承的轴承的结构和尺寸所决定。

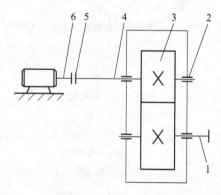

图 2 - 27　传动结构简图

1—输出轴Ⅱ；2—轴承；3—齿轮；4—输入轴Ⅰ；5—联轴器；6—电动机轴

按轴的功用和承载情况，轴可分为 3 种类型。

（1）心轴

只承受弯矩不传递转矩的轴。按其是否转动又分为转动心轴（图 2 - 28）和固定心轴（图 2 - 29 所示），如火车车轮轴。

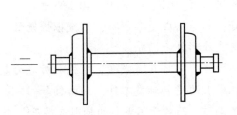

图2-28 转动心轴

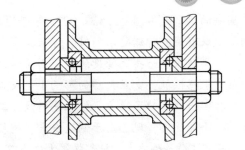

图2-29 固定心轴

(2) 传动轴

主要承受转矩不承受或承受很小的弯矩的轴,如汽车变速与后桥之间的传动轴(图2-30)。

(3) 转轴

既传递弯矩又承受转矩的轴,如齿轮变速器中的转轴(图2-31)。

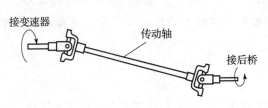

图2-30 传动轴

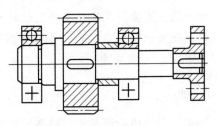

图2-31 转轴

按轴线几何形状的不同,轴可分为直轴(光轴、阶梯轴如图2-32所示)、曲轴(图2-33)、挠性轴(图2-34)。曲轴常用于往复式机械(如曲柄压力、内燃机等)和行星轮系中。轴又可分为实心轴和空心轴。圆截面阶梯轴加工方便,各轴段截面直径不同,一般两端小,中间粗,符合等强度设计原则,并便于轴上零件的装拆和固定,所以在一般机械中,阶梯轴应用最广泛。

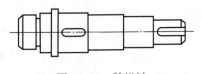

图2-32 阶梯轴

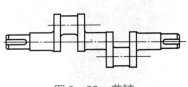

图2-33 曲轴

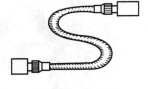

图2-34 挠性轴

知 识 链 接

轴的选材及热处理

轴的材料是决定轴的承载能力的重要因素。选择轴的材料应考虑工作条件对它提出的强度、刚度、耐磨性、耐腐蚀性方面的要求,同时还应考虑制造的工艺性及经济性。

轴的常用材料是优质碳素钢35、45、50,最常用的是45和40Cr钢。对于受载较小或不太重要的钢，也常用 Q235 或 Q275 等普通碳素钢。对于受力较大，轴的尺寸和重量受到限制，以及有某些特殊要求的轴，可采用合金钢，常用的有 40Cr、40MnB、40CrNi 等。

球墨铸铁和一些高强度铸铁，由于铸造性能好，容易铸成复杂形状，且减振性能好，应力集中敏感性低，支点位移的影响小，故常用于制造外形复杂的轴。

我国研制成功了稀土—镁球墨铸铁，其冲击韧性好，同时具有减摩、吸振和对应力集中敏感性小等优点，现已用于制造汽车、拖拉机、机床上的重要轴类零件，如曲轴等。

根据工作条件要求，轴都要整体热处理，一般是调质，而对于不重要的轴则采用正火处理。对要求高或要求耐磨的轴或轴段要进行表面处理，以及表面强化处理（如喷丸、辗压等）和化学处理（如渗碳、渗氮、氮化等），以提高其强度（尤其疲劳强度）和耐磨、耐腐蚀等性能。

在一般工作温度下，合金钢的弹性模量与碳素钢相近，所以只为了提高轴的刚度而选用合金钢是不合适的。

轴一般由轧制圆钢或锻件经切削加工制造而成。轴的直径较小时，可用圆钢棒制造，而对于重要的，大直径或阶梯直径变化较大的轴，多采用锻件。为节约金属和提高工艺性，直径大的轴还可以制成空心的，并且带有焊接的或者锻造的凸缘。对于形状复杂的轴（如凸轮轴、曲轴）可采用铸造。

2. 轴承

轴承是当代机械设备中一种举足轻重的零部件。它的主要功能是支撑机械旋转体，用以降低设备在传动过程中的机械载荷摩擦系数。按运动元件摩擦性质的不同，轴承可分为滚动轴承和滑动轴承两类。

（1）滚动轴承

滚动轴承由于是滚动摩擦，摩擦阻力小，发热量小，效率高，启动灵敏、维护方便，并且已标准化，便于选用与更换，因此使用十分广泛。

标准滚动轴承由内圈、外圈、滚动体（基本元件）、保持架（图2-35）等组成。

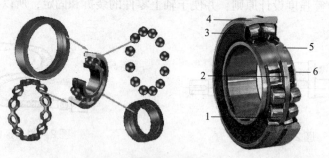

图2-35 滚动轴承的结构

1—滚动体；2—指引环；3—密封；4—外圈；5—内圈；6—保持架

一般内圈随轴一起回转，外圈固定（也有相反），内外圈上均有凹的滚道。滚道一方面限制滚动体的轴向移动，另一方面可降低滚动体与滚道间的接触应力。

滚动体是滚动轴承的核心元件，常见的形状有①球形：球轴承；②柱形：短圆柱形、长圆柱形；③螺旋滚子；④圆锥滚子；⑤鼓形滚子；⑥滚针，如图2-36所示。

保持架能使滚动体均匀地分布以避免滚动体相互接触引起磨损与发热。

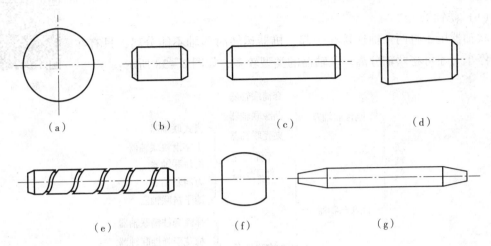

图 2-36 滚动体的形状

(a) 球；(b) 短圆柱滚子；(c) 长圆柱滚子；(d) 圆锥滚子；
(e) 螺旋滚子；(f) 鼓形滚子；(g) 滚针

(2) 滑动轴承

滑动轴承（图 2-37）按润滑状态可分为非液体滑动轴承、液体滑动轴承及无润滑轴承。非液体滑动轴承轴颈与轴瓦间的润滑油膜很薄，无法将摩擦表面隔开，局部金属直接接触，磨损严重；液体滑动轴承润滑油膜可将摩擦表面完全隔开，轴颈和轴瓦表面不会发生直接接触，磨损小且油膜有一定吸振能力；无润滑轴承工作前和工作时不需加润滑油。

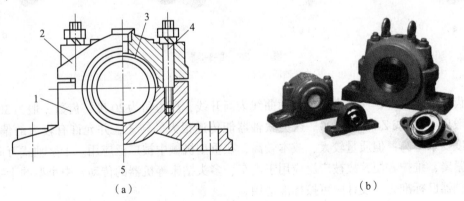

图 2-37 滑动轴承

(a) 部分式滑动轴承示意图

1—轴承座；2—轴承盖；3—对开轴身；4—双头螺柱

(b) 滑动轴承实体图

滑动轴承按承载方式分为向心轴承（受径向力）及推力轴承（受轴向力）；按润滑状态分为流体润滑轴承（动压、静压）、非流体润滑轴承、无润滑轴承（不加润滑剂）。

3. 联轴器与离合器

联轴器与离合器用来连接轴与轴（或回转零件），以传递转动和扭矩；有时也可用作安全装置。

（1）联轴器

联轴器用于将两个轴连接在一起，机器运转时两轴不能分离，只有在机器停车时才可将两轴分离。联轴器的类型较多，如图2-38所示：

联轴器

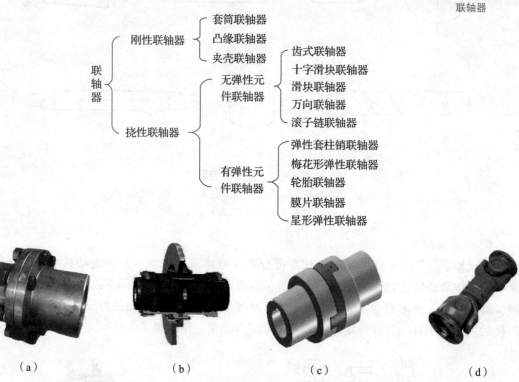

图2-38 联轴器

（a）凸缘联轴器；（b）齿式联轴器；（c）十字滑块联轴器；（d）十字轴式万向联轴器

在齿式联轴器中，所用齿轮的齿廓曲线为渐开线，压力角为20度，齿数一般为30～80，材料一般用45钢或ZG10-5700。这类联轴器能传递很大的转矩，并允许有较大的偏移量，安装精度要求不高；但质量较大，成本较高，在重型机械中被广泛应用。十字轴式万向联轴器结构紧凑，维护方便，故被广泛应用于汽车、多头钻床等机器的传动。中小型的十字轴式万向联轴器已标准化，设计时可按标准选用。

（2）离合器

离合器在机器运转过程中，可使两轴随时接合或分离的一种装置。它可用来操纵机器传动的断续，以便进行变速或换向。

离合器在机器运转中可将转动系统随时分离或接合。对离合器的基本要求有：接合平稳，分离迅速而彻底；调节和修理方便；轮廓尺寸小；质量小；耐磨性好和有足够的散热能力；操作方便省力。

常用的离合器按操纵方式分为机械式、气动式、液压式、电磁式、超越式、离心式、安全离合器。按结合原理分为啮合式及摩擦式。图2-39所示为几种常见的离合器实物图。

图2-39　几种常见的离合器实物图

4. 螺纹连接

为便于机器制造、安装、调整、维修以及运输、减重、省料、降低成本、提高效率等，必须采用各种方式连接成整体，才能实现上述要求。连接已成为近代机械设计中最有挑战的课题之一。

连接一般分为静连接和动连接。静连接为被连接件间不允许产生相对运动的连接，含不拆折连接：铆、焊；介于可拆与不可拆之间的胶（黏）接等；及可拆连接：螺纹、键、花键、销、成型的连接等。动连接为被连接零件间可产生相对运动的连接，如各种运动副连接。

（1）螺纹的类型和应用

1）按牙型分类

三角形（普通螺纹）、管螺纹——连接螺纹；

矩形螺纹、梯形螺纹、锯齿形螺纹——传动螺纹。

2）按螺纹位置分类

内螺纹——在圆柱孔的内表面形成的螺纹；

外螺纹——在圆柱孔的外表面形成的螺纹。

3）按三角形螺纹分类

粗牙螺纹——用于紧固件；

细牙螺纹——同样的公称直径，螺距越小，自锁性好，适用于薄壁细小零件和冲击变载等情况。

（2）螺旋传动

螺旋传动将回转运动转变成直线运动，同时传递运动、动力，其传动形式如下。

①螺杆转动，螺母移动。

②螺杆同时转动和移动（螺母固定）——用得多。

③螺母转动，螺杆移动。

④螺母同时转动和移动（螺杆固定）——用得少。

螺旋机构按用途可分为3类：

（1）传力螺旋——举重器、千斤顶、加压螺旋，其特点为低速、间歇工作、传递轴向力大、自锁。

（2）传导螺旋——机床进给丝杠传递运动和动力，其特点为速度高、连续工作、精度高。

（3）调整螺旋——机床、仪器及测试装置中的微调螺旋，其特点是受力较小且不经常转动。

（3）螺纹紧固件

常用的螺纹紧固件有螺栓、螺柱、螺钉和紧定螺钉等，多为标准件（见标准紧固件），如图2-40所示。采用螺栓连接时，无须在被连接件上切制螺纹，不受被连接件材料的限制，构造简单，装拆方便，但一般情况下需要在螺栓头部和螺母两边进行装配。螺纹连接的特点如下。

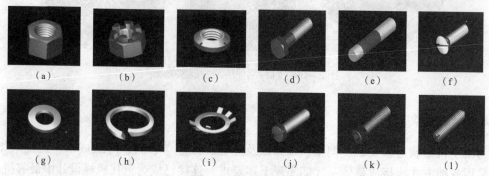

图2-40 螺纹紧固件

（a）六角螺母；（b）六角开槽螺母；（c）圆螺母；（d）六角头螺母；（e）双头螺柱；（f）开槽沉头螺钉；（g）平垫圈；（h）弹簧垫圈；（i）圆螺母用止动垫圈；（j）开槽圆柱头螺钉；（k）内六角柱头螺钉；（l）紧定螺钉

①螺纹拧紧时能产生很大的轴向力；

②能方便地实现自锁；

③外形尺寸小；

④制造简单，能保持较高的精度。

螺栓连接是应用很广的连接方式，它分为紧连接和松连接。

5. 弹簧

弹簧是机械和电子行业中广泛使用的一种弹性元件，弹簧在受载时能产生较大的弹性变形，把机械功或动能转化为变形能，而卸载后弹簧的变形消失并恢复原状，将变形能转化为机械功。

（1）弹簧的功用

弹簧的功用如下：

①缓冲及吸振；

②测量力和力矩；

③储存能量；

④控制机构的位置和运动。

（2）弹簧的类型

按弹簧性质可分为压缩弹簧、拉伸弹簧、扭转弹簧和弯曲弹簧，如图2-41所示。

按弹簧外形可分为螺旋弹簧、碟形簧、环形簧、涡卷弹簧和板簧，如图2-42所示。

按弹簧的重要性和载荷性质又可分为以下3类。

①受变载荷作用次数在10^6以上的重要弹簧（气门弹簧、制动弹簧）。

②受变载荷作用次数在$10^3 \sim 10^5$以上或受冲击载荷的弹簧（调速器弹簧、车辆弹簧）。

③受变载荷作用次数在10^3以下（静载荷）的弹簧（安全阀弹簧、离合器弹簧）。

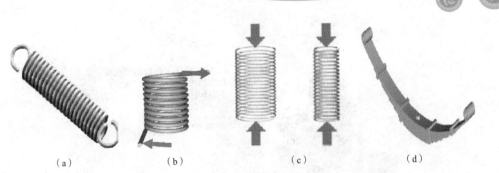

图2-41 弹簧类型（1）

（a）拉伸弹簧；（b）扭转弹簧；（c）压缩弹簧；（d）弯曲弹簧

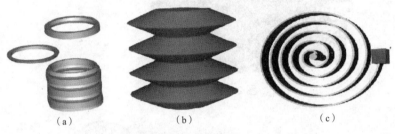

图2-42 弹簧类型（2）

（a）环形弹簧；（b）叠形弹簧；（c）涡卷弹簧

学习任务4 认知液压与气动技术

图2-43~图2-45的三个例子都是气动和液压技术应用的重要场合。

问题1：在汽车维修中，经常需要使用千斤顶。那么千斤顶是如何实现力的放大？

图2-43 千斤顶实体图

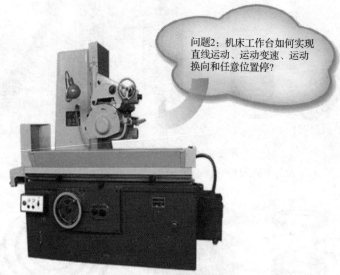

问题2：机床工作台如何实现直线运动、运动变速、运动换向和任意位置停？

图2-44　机床实体图

问题3：公交车门如何实现开闭？

图2-45　公交车门

1. 液压与气动的应用及发展

液压与气动技术在各类机械中的应用见表2-4。

表2-4　液压与气动技术在各类机械中的应用

行业名称	应用场所举例
数控加工机械	数控车床、数控刨床、数控磨床、数控铣床、数控镗床、数控加工中心
起重运输机械	汽车吊、港口龙门吊、叉车、装卸机械、皮带运输机等
工程机械	挖掘机、装载机、推土机、压路机、铲运机等
建筑机械	打桩机、液压千斤顶、平地机、塔吊等
农业机械	联合收割机、拖拉机、农具悬挂系统等

续表

行业名称	应用场所举例
冶金机械	电炉炉顶及电极升降机、轧钢机、压力机等
轻工机械	打包机、注塑机、校直机、橡胶硫化机、造纸机等
矿山机械	凿岩机、开掘机、开采机、破碎机、提升机、液压支架等
智能机械	折臂式小汽车装卸器、数字式体育锻炼机、模拟驾驶舱、机器人等
汽车工业	自卸式汽车、汽车吊、高空作业车、汽车转向器、减振器等
国防工业	飞机、坦克、舰艇、火炮、导弹发射架、雷达、大型液压机等
造船工业	船舶转向机、液压提升机、气象雷达、液压切割机、液压自动焊机等

随着工业和科技的发展，当前液压技术正向高压、高速、大功率、高效、低噪声、高可靠性、高度集成化等方向发展；气动技术向节能、小型、轻量、位置控制高精度与电结合等综合控制技术方向发展。

2. 液压与气动工作原理

（1）液压与气动研究对象

$$流体传动\begin{cases}液体传动\begin{cases}液压传动\\液力传动\end{cases}（工作介质：液压油、合成液体）\\气体传动\begin{cases}气压传动\\气力传动\end{cases}（工作介质：压缩空气）\end{cases}$$

（2）液压千斤顶原理简图（见图2-46）

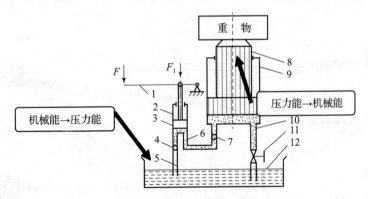

图2-46 液压千斤顶原理简图

1—杠杆手柄；2—小缸体；3—小活塞；4，7—单向阀；5—吸油管；6，10—管道；

8—大活塞；9—大缸体；11—截止阀；12—通大气式油箱

1）液压千斤顶工作过程

①抬起杠杆手柄1使小活塞3沿小缸体2上移，小缸体2下腔容积增大，形成真空，此时单向阀4打开，通过吸油管5从油箱12中吸油。

②下压杠杆手柄1使小活塞3沿小缸体2下移，小缸体2下腔压力增大，此时单向阀4关闭，单向阀7打开，小缸体2下腔油液经管道6、单向阀7进入大缸体9的下腔，此时截止阀11关闭，大活塞8沿大缸体9上移，举起重物。

③再次抬起杠杆手柄1，大缸体9下腔的压力油因单向阀7的关闭而不可返回，故保证重物不会自行下落。

④不断往复扳动手柄，就能不断地把油液压入大缸体9下腔，使重物逐渐升起。

⑤若打开截止阀11，大缸体9下腔油液通过管道10、截止阀11流回油箱，大活塞8在重物和自重作用下向下移动，回到初始位置。

2）液压与气动工作原理

液压与气动工作原理为

$$机械能 \longrightarrow 压力能 \longrightarrow 机械能$$

先通过动力元件（液压泵）将原动机（如电动机）输入的机械能转换为液体压力能，再经密封管道和控制元件等输送至执行元件（如液压缸），将液体压力能又转换为机械能以驱动工作部件。

3）液压与气动工作原理小结

（1）以液体或气体为介质（介质只承受压力）传动，通过流量、压力、方向的控制来满足执行元件的运动；

（2）传动必须在密闭的系统中进行，且密封的容积必须发生变化；

（3）传动系统是一种能量转换装置（两次能量转换，机械能 $\longleftrightarrow$ 压力能）。

3. 液压与气动系统的基本组成

图2-47所示为一台简化了的磨床工作台液压系统原理结构示意图。电动机带动液压泵3从油箱1吸油，并将压力油送入管路。从液压泵输出的压力油就是推动工作台往复运动的能量来源。

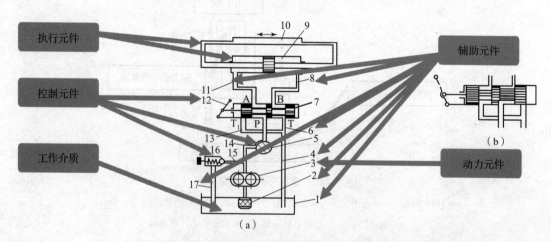

图2-47　磨床工作台液压系统原理结构示意图

1—油箱；2—过滤器；3—液压泵；4，6，8，11，13，14，15，17—管路；5—流量控制阀；
7—换向阀；9—液压缸；10—工作台；12—换向手柄；16—溢流阀

当换向阀处于（a）位置时，压力油经过流量控制阀5，再经过换向阀7、油管，然后进入液压缸9的左腔，推动活塞并带动工作台10向右运动。液压缸右腔的油液被排出，经油管、换向阀7和油管流回油箱。

当换向阀处于（b）位置时，压力油经过流量控制阀5，再经过换向阀7、油管，然后进入液压缸9的右腔，推动活塞并带动工作台10向左运动。液压缸左腔的油液，经油管、换向阀7和油管流回油箱。

工作台在做往复运动时，其速度由流量控制阀5调节，系统的工作压力由溢流阀控制。

由图2-47可知，液压及气动的系统主要由以下几部分组成。

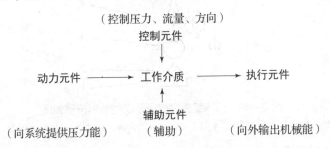

①动力元件：液压泵或气源装置（如空气压缩机），其功能是将原动机输入的机械能转换成流体的压力能，为系统提供动力。

②执行元件：液压缸或气缸、液压马达或气马达，其功能是将流体的压力能转换成机械能，输出力和速度或转矩和转速，以带动负载进行直线运动或旋转运动。

③控制元件：压力、流量和方向控制阀等，其功能是控制和调节系统中流体的压力、流量和流动方向，以保证执行元件达到所要求的输出力（或力矩）、运动速度和运动方向。

④辅助元件：管道、管接头、油箱或储气罐、过滤器和压力表等，是保证系统正常工作所需要的辅助装置。

⑤工作介质：液压油、压缩空气，它们是传递能量的流体。

4. 液压与气动系统的图形符号

图2-48为图2-47所示的液压系统的图形符号简图。液压系统的图形符号（GB/T 786.1—1993）阅读、分析、设计和绘制液压系统须注意以下几条基本规定。

①符号只表示元件的职能，连接系统的通路，不表示元件的具体结构和参数，也不表示元件在机器中的实际安装位置。

②元件符号内的油液流动方向用箭头表示，线段两端都有箭头，表示流动方向可逆。

③符号均以元件的静止位置或中间零位置表示，当系统的动作另有说明时，可作例外。

5. 液压与气动的特点

（1）液压传动

液压传动之所以能得到广泛的应用，是因为其具有以下优点：

①无级调速、范围大；

②功率/质量比大；

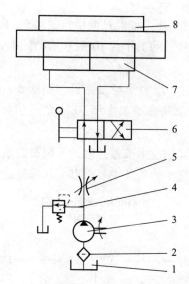

图2-48 机床工作台液压系统的图形符号简图

1—油箱；2—过滤器；3—液压泵；4—溢流阀；5—节流阀；6—换向阀；7—液压缸；8—工作台

③易控制、过载保护；

④传动平稳；

⑤使用寿命长；

⑥实现三化（标、系、通）；

⑦传动简化。

但液压传动也存在一些缺点，如会泄漏、易振动、效率低、温敏性高、精度要求高、故障查找难。

（2）气压传动

气压传动的优点主要体现在以下几点：

①介质来源便捷；

②处理方便、无污染；

③宜远距离传输及控制；

④工作压力低、元件精度要求低；

⑤维护简单、使用安全；

⑥选材适用性广。

缺点：

不宜较复杂的系统、平稳性低、出力小、效率低。

知识拓展

液压与气动仿真软件简介

1. FluidSIM 仿真软件的功能介绍

FluidSIM 由德国 Festo 公司和 Paderborn 大学联合开发，专门用于液压、气压传动及电液压、电气动的教学培训软件，FluidSIM 分为 FluidSIM - H 和 FluidSIM - P 两个软件，其中 FluidSIM - H 用于液压传动技术的模拟仿真与排障，而 FluidSIM - P 用于气压传动。FluidSIM 软件既可以与 Festo Didactic GmbH&Co 设备一起使用，也可以单独使用。

2. FluidSIM 仿真软件的特点

（1）专业的绘图功能

FluidSIM 软件的 CAI 功能是和回路的仿真功能紧密联系在一起，这是一般通用的计算机辅助绘图软件如 AutoCAD 等不具备的，该类通用软件绘制专业图形时往往效率不高。FluidSIM 的图库中有 100 多种标准液压、电气、启动元件。在绘图室可把图库中的元件直接拖到制图区生成该元件的原理图，各种元件接口间回路的连接，只需在两个连接点之间按住鼠标左键移动，即可生成所需的回路。该软件的另一个优点是它的查错功能，如在绘图过程中，FluidSIM 软件将检查各元件之间的连接是否可行，较大地提高了绘制原理图的工作效率。

（2）系统的仿真功能

FluidSIM 软件可以对绘制好的回路进行仿真，通过强大的仿真功能可以实现显示和控制回路的动作，因此可以及时发现设计中存在的错误，帮助我们设计出结构简单、工作可靠、效率较高的最优回路。在仿真中我们还可以观察到各元件的物理量值，如液压缸的运动速度、输出力、节流阀的开度等，这样能够预先了解回路的动态特性，从而正确地估计回路实际运行时的工作状态。另外该软件在仿真时还可显示回路中关键元件的状态量，如液压缸活塞杆的位置、换向阀的位置、压力表的压力、流量计的流量。这些参数对设计液压电气控制系统是非常重要的，从而充分发挥了实践在设计中的导向作用。

（3）综合演示功能

FluidSIM 软件包含了丰富的教学资料，提供了各种液压电气元件的符号、实物图片、工作原理剖视图和详细的功能描述。一些重要元器件的剖视图可以进行动画播放，逼真地模拟这些原件工作过程及原理，如图 2 - 49 所示。该软件还具有多个教学影片，讲授了重要液压电气回路和液压电气元件的使用方法及应用场合，有利于我们对液压电气技术的理解和掌握。

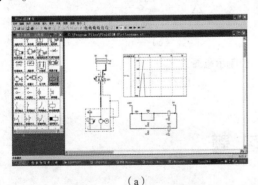　　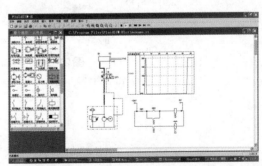

（a）　　　　　　　　　　　　　　　　（b）

图 2 - 49　FluidSIM 模拟仿真界面

（a）机床工作台缩回仿真简图；（b）机床工作台伸出仿真简图

课堂思考

1. 机床工作台如何实现直线运动、运动变速、运动换向和任意位置停止？

提示：工作台直线运动由油缸活塞的往复运动控制；运动变速由流量控制阀5，即节流阀控制；运动换向由换向手柄12带动换向阀7实现；任意位置的停止由换向阀的中位机能实现，如图2-47所示。

2. 图2-50为客车门控制示意图，试问公交车门如何实现开闭？

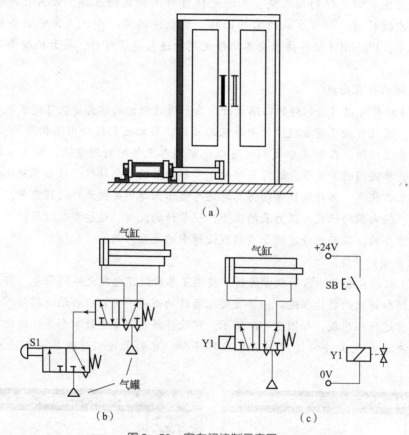

图2-50　客车门控制示意图

（a）客车门示意图；（b）纯气动控制；（c）气动与电气控制相结合

课后习题

1. 针对常用的机械机构，试举例说明其特点及应用。

2. 简要分析比较齿轮传动、带传动及链传动。

3. 齿轮传动有哪些结构型式，并举例说明。

4. 机械产品常见的基础零部件及连接件有哪些？试举例说明各零件的配合及应用。

5. 试述液压传动的工作原理及组成。

6. 介绍液压传动与机械传动相比有哪些优缺点。

7. 试举一常用设备的例子，分析其液压基本回路？

学 习 评 价

评价项	评价要求	所占百分比%	得分
个人评价 （学生自己完成）	是否按学习要求完成各学习任务的理论知识要点的学习	15	
	是否能自觉查阅相关资料做好学习准备和复习工作	10	
	是否能积极拓展自我思维，理实结合	15	
小组评价 （所在小组其他 人员完成）	组内表现	20	
教师评价 （由教师完成）	学习态度	5	
	学习任务	25	
	课后个人作业	10	

课题3 学习传感与检测技术

本课题学习思维导图

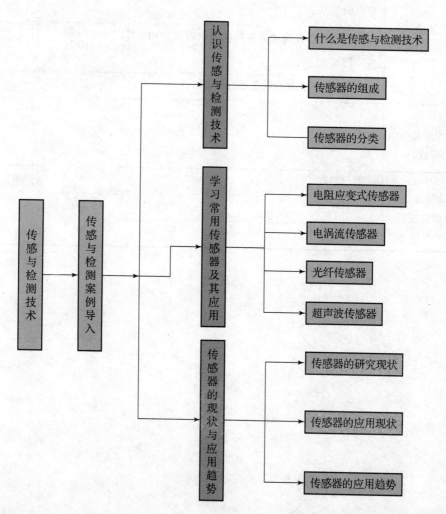

　　知识目标：认识什么是传感与检测技术；掌握传感与检测技术的组成要素；了解传感与检测技术的分类，熟悉典型传感器的关键技术；了解传感与检测技术的发展动向。

　　能力目标：初步具备合理选择和使用传感器的能力；对传感器技术问题有一定的分析和

处理能力；初步具备查阅资料，分析问题的能力。

素质目标：在"中国制造2025"的时代背景下，培养学生敬业乐业、追求卓越、精益求精的工匠精神。

案例导入

1. 汽车上的传感器

图3-1所示为丰田2JZ-GE型轿车发动机上传感器排布情况，由图可见汽车上应用的各式各样的传感器。汽车传感器是汽车电子控制系统的关键部件，也是汽车电子控制系统信息的主要来源。

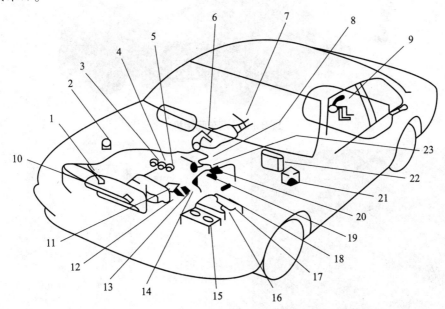

图3-1 丰田2JZ-GE型轿车发动机上传感器排布情况

1—进气温度传感器；2—点火器；3—副节气门位置传感器；4—ISV（急急控制阀）；5—节气门位置传感器；
6—O2传感器；7—排气温度传感器；8—真空传感器；9—燃油泵；10—曲轴位置传感器；11—机油控制阀；
12—水温传感器；13，19—爆燃传感器；14—自我诊断插座；15—EFI主继电器；16—回路继电器；
17—EFI熔断器；18—可变进气控制用VSV（真空开关）；20—凸轮位置传感器；
21—燃油泵继电器；22—发动机控制用计算机；23—滤罐用VSV

汽车电子控制系统上应用了多种传感器，如空气流量计、压力传感器、位置传感器、速度传感器、气体浓度传感器等，其主要功能是利用安装在汽车各部位的信号转换装置，测量或检测汽车在各种运行状态下相关机件的工作参数以及驾驶操纵、车辆控制、运行环境、异常状态监测等信息，并将它们转换成计算机能接收的电信号后送给ECU，ECU根据这些信息进行运算处理，进而发出指令对执行元件进行适时传感器控制。

2. 起重机械上的传感检测

随着工业的发展，交通、建筑等行业也日新月异，机型的类型众多，各自发挥着重要作用。如图3-2所示汽车起重机（适用于流动性大的不固定场所作业）及图3-3所示履带起重机（常用于各种建筑工地），起重机械工作时的起重量控制以及工作中的安全因素，如起重量、起升高度及幅度等，必须通过传感器得到严密的实时监控。

司机室内
加装主机仪表

图3-2　汽车起重机

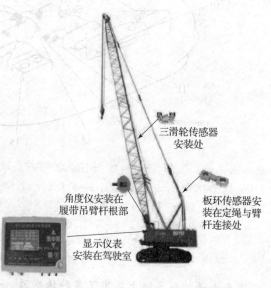

三滑轮传感器
安装处

角度仪安装在
履带吊臂杆根部

板环传感器安
装在定绳与臂
杆连接处

显示仪表
安装在驾驶室

图3-3　履带起重机

　　汽车和起重机械为何能按照各自的设计要求正常且安全地行驶及搬运呢？除了设计、制造、安装、调试及维护外，其各种工作和检测数据的获取，就是传感与检测技术应用的一个常见实例。

3. 电子秤

　　日常生活中我们常见的各种电子秤及用于运输车辆测重的地秤（图3-4）等称重设备都离不开传感器技术。

图3-4 各种电子秤

4. 安检门

电涡流式通道安全的出入口检测系统应用较广，可有效地探测出枪支、匕首等金属武器及其他大件金属物品。它广泛应用于机场、海关、造币厂、监狱等重要场所。利用电涡流式传感器可进行通道安全门的检查，及时防止危险物品的进入。图3-5所示为安全检查门。

那么，什么是传感与检测技术呢？常见的传感器主要有哪些类型？这些传感器主要检测哪些参量？又常用于什么场合？希望通过下面的学习能得到解答。

图3-5 安全检查门

学习任务1 认识传感与检测技术

1. 什么是传感与检测技术

（1）什么是检测技术

检测是利用各种物理、化学效应，选择合适的方法与装置，将生产、科研生活等各方面的有关信息通过检查与测量的方法赋予定性或定量结果的过程。能够自动地完成整个检测处理过程的技术称为自动检测与转换技术。检测技术是自动化的支柱技术之一。

自动检测系统是帮助完成整个检测处理过程的系统。目前，非电量的检测常常采用电测法，即先将采集到的各种非电量转换为电量，然后再进行处理，最后将非电量值显示出来或记录下来，系统的组成框图如图3-6所示。

（2）什么是传感器

如图3-7所示，人通过感官感觉外界对象的刺激，通过大脑对感受的信息进行判断、处理，肢体作出相应的反应。传感器相当于人的感官，称为"电五官"，外界信息由它提

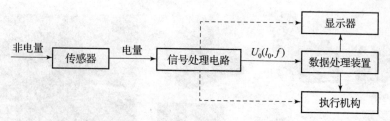

图 3-6　自动检测系统的组成框图

取，并转换为系统易于处理的电信号。微机对电信号进行处理后发出控制信号给执行器，而执行器对外界对象进行控制。如果没有各种精确可靠的传感器去检测原始数据并提供真实的信息，即使是性能非常优越的计算机，也无法发挥其应有的作用。传感器作为信息采集系统的前端单元，已成为自动化系统和机器人技术中的关键部件，且作为系统的一个结构组成，其重要性变得越来越明显。

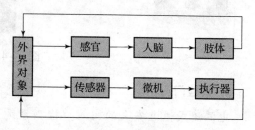

图 3-7　人与机器的机能对应关系图

从广义上讲，传感器就是能够感觉外界信息，并能按一定规律将这些信息转换成可用的输出信号的器件或装置。这一概念包含了以下三方面的含义。

①传感器是一种能够完成提取外界信息任务的装置。

②传感器的输入量通常指非电量，如物理量、化学量、生物量等，而输出量是便于传输、转换、处理、显示等的物理量，主要是电量信号。例如，电容传感器的输入量可以是力、压力、位移、速度等非电量信号，输出则是电压信号。

③传感器的输出量与输入量之间精确地保持一定的规律。

知识链接

传感器的名称

传感器在不同的学科领域曾出现过多种名称，如变送器、发送器、发信器、探头等。在不同的技术领域中，根据期间的用途，虽然使用不同术语，但它们的内涵是相同或相近的。例如，在过程控制中称为变送器，即标准化的传感器，而在射线检测中却称为发送器、接收器或探头等。

2. 传感器组成

传感器一般由敏感元件、传感元件和测量转换电路 3 部分组成，如图 3-8 所示。但并不是所有的传感器都有敏感元件和传感元件之分，有些传感器是将二者合二为一的。

图 3-8　传感器组成框图

（1）敏感元件

敏感元件是传感器中能直接感受被测量的部分，即直接感受被测量，并输出与被测量成确定关系的某一物理量。例如，弹性敏感元件将压力转换为位移，且压力与位移之间保持一定的函数关系。

（2）传感元件

传感元件是传感器中将敏感元件输出量转换为适于传输和测量的电信号部分。例如，应变式压力传感器中的电阻应变片将应变转换成电阻的变化。

（3）测量转换电路

测量转换电路将电量参数转换成便于测量的电压、电流、频率等电量信号。例如，交、直流电桥、放大器、振荡器、电荷放大器等。

3. 传感器的分类

传感器种类繁多，分类方法也不尽相同，常用的分类方法有以下几种。

（1）按被测物理量分类

按被测物理量，传感器可分为温度、压力、流量、物位、位移、加速度、磁场、光通量等传感器。这种分类方法明确表明了传感器的用途，便于使用者选用，如压力传感器用于测量压力信号。

（2）按传感器工作原理分类

按工作原理，传感器可分为电阻传感器、热敏传感器、光敏传感器、电容传感器、自感传感器、磁电传感器等，这种分类方法表明了传感器的工作原理，有利于传感器的设计和应用。例如，电容传感器就是将被测量转换成电容值的变化。表3－1列出了这种分类方法中各类型传感器的名称及典型应用。

表3－1　传感器分类表

传感器分类		转换原理	传感器名称	典型应用
转换形式	中间参量			
电参数	电阻	移动电位器触点改变电阻	电位器式传感器	位移
		改变电阻丝或片的尺寸	电阻丝应变传感器、半导体应变传感器	微应变、力、负荷
		利用电阻的温度效应（电阻温度系数）	热丝传感器	气流速度、液体流量
			电阻温度传感器	温度、辐射热
			热敏电阻传感器	温度
		利用电阻的光敏效应	光敏电阻传感器	光强
		利用电阻的湿度效应	湿敏电阻	湿度

续表

传感器分类		转换原理	传感器名称	典型应用
转换形式	中间参量			
电参数	电容	改变电容的几何尺寸	电容传感器	力、压力、负荷、位移
		改变电容的介电常数		液位、厚度、含水量
	电感	改变磁路的几何尺寸、导磁体位置	自感传感器	位移
		涡流去磁效应	涡流传感器	位移、厚度、硬度
		利用压磁效应	压磁传感器	力、压力
		改变互感	差动变压器	位移
			自整角机	位移
			旋转变压器	位移
	频率	改变谐振回路中的固有参数	振弦式传感器	压力、力
			振筒式传感器	气压
			石英谐振传感器	力、温度等
	计数	利用莫尔条纹	光栅	大角位移、大直线位移
		改变互感	感应同步器	
		利用数字编码	角度编码器	
	数字	利用数字编码	角度编码器	大角位移
电量	电动势	温差电动势	热电偶	温度、热流
		霍尔效应	霍尔传感器	磁通、电流
		电磁感应	磁电传感器	速度、加速度
		光电效应	光电池	光强
	电荷	辐射电离	电离室	离子计数、放射性强度
		压电效应	压电传感器	动态力、加速度

（3）按传感器转换能量供给形式分类

按转换能量供给形式，传感器可分为能量变换型（发电型）和能量控制型（参量型）两种。能量变换型传感器在进行信号转换时不需另外提供能量，就可将输入信号能量变换为另一种形式能量输出，如热电偶传感器、压电式传感器等。能量控制型传感器工作时必须有外加电源，如电阻、电感、电容、霍尔式传感器等。

（4）按传感器工作机理分类

按工作机理，传感器可分为结构型传感器和物性型传感器。结构型传感器是指被测量变化时引起了传感器结构发生改变，从而引起输出电量变化。例如，电容式压力传感器就属于这种传感器，当外加压力变化时，电容极板发生位移，结构改变引起电容值变化，输出电压也发生变化。物性型传感器是利用物质的物理或化学特性随被测参数变化的原理构成，一般没有可动结构部分，易小型化，如各种半导体传感器。

习惯上常把工作原理和用途结合起来命名传感器，如电容式压力传感器、电感式位移传感器等。

学习任务2　学习常用传感器及其应用

正如前面介绍，传感器作用各异、种类繁多，现以电阻应变片式传感器、电涡流传感器及超声波传感器为例简单介绍各传感器工作、特点及应用等方面。

1. 电阻应变式传感器

电阻传感器中的电阻应变式传感器应用十分广泛，主要应用可分两大类：其一是将应变片直接粘贴在被测试件上，测量应力或应变；其二是与弹性元件连用，测量力、压力、位移、速度、加速度等物理量。其应用如案例中列举的电子秤和图3-9所示的冲床计数等。

图3-9　冲床

应变式传感器资源

（1）电阻应变式传感器概述

电阻应变式传感器是利用导体或半导体材料的应变效应制成的一种测量器件。用于测量微小的机械变化量，在结构强度实验中，它是测量应变的最主要的手段，也是目前测量应力、应变、力矩、压力、加速度等物理量应用最广泛的传感器之一。

电阻应变式传感器主要由电阻应变片及测量转换电路等组成。用应变片测量应变时，将应变片粘贴在试件表面。当试件受力变形后，应变片上的电阻也随之变形，从而使应变片电

53

阻值发生变化，通过测量转换电路最终转换成电压或电流的变化。

电阻应变式传感器结构简单、尺寸小、重量轻、使用方便、性能稳定可靠、分辨率高、灵敏度高、价格又便宜、工艺较成熟。因此，电阻应变式传感器在航空航天、机械、化工、建筑、医学、汽车工业等领域有很广的应用。

（2）应变片

应变式传感器是利用电阻应变效应做成的传感器，是常用的传感器之一。应变式传感器的核心元件是电阻应变计（应变片）。

知识链接

应变效应

导体或半导体材料在外界作用下（如压力等），会产生机械变形，其电阻值也将随着发生变化，这种现象称为应变效应。

如图3-10所示，悬臂梁在力的作用下使应变片发生机械变形。电阻应变片工作原理是基于金属导体的应变效应，即金属导体在外力作用下发生机械变形时，其电阻值随着所受机械变形（伸长或缩短）的变化而发生变化的现象。

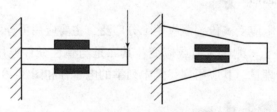

图3-10　应变片的机械变形

如图3-11所示，金属丝电阻应变片由敏感栅、基底、覆盖层和引出线组成。

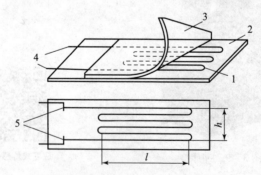

图3-11　金属丝电阻应变片的结构

1—电阻丝；2—基底；3—覆盖层；4—引出线；5—焊接点

敏感栅：感受应变，并将其转换为电阻的变化。

基底和覆盖层：固定和保护敏感栅，使敏感栅与试件绝缘，并传递试件变形给敏感栅。

引出线：将敏感栅的电阻变化引出到测量电路中。

常用的应变片有两大类：一类是金属电阻应变片；另一类是半导体应变片。

金属电阻应变片有丝式应变片和箔式应变片等。箔式应变片的优点是表面积和截面积之比大，散热条件好，故允许通过较大的电流，并可做成任意形状，便于大量生产。由于上述一系列优点，所以金属电阻应变片使用范围日益广泛，有逐渐取代丝式应变片的趋势。图3-12所示的是各式箔式电阻应变片。

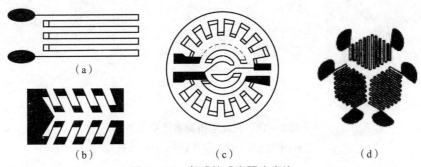

图3-12 各式箔式电阻应变片

半导体应变片的结构如图3-13所示。它的使用方法与电阻丝式相同，即粘贴在被测物上，随被测物的应变，其电阻发生相应变化。

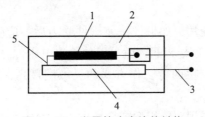

图3-13 半导体应变片的结构

1—半导体敏感条；2—基底；3—引线；4—引线连接片；5—内引线

半导体应变片的工作原理是基于半导体材料的压阻效应。半导体应变片的主要优点是灵敏度高（灵敏度比金属丝式、箔式大几十倍），主要缺点是灵敏度的一致性差、温漂大，电阻与应变间非线性严重。在使用时，需采用温度补偿及非线性补偿措施。

应变片的粘贴是应变测量的关键之一，它涉及被测表面的变形能否正确地传递给应变片。粘贴所用的黏合剂必须与应变片材料和试件材料相适应，并要遵循正确的粘贴工艺。现将粘贴工艺简述如下：

①试件的表面处理；

②确定贴片位置；

③黏贴；

④固化；

⑤黏贴质量检查；

⑥引线的焊接与防护。

（3）测量转换电路

根据不同的要求，应变电桥有不同的工作方式，如图3-14所示。

1）单臂半桥工作方式

R_1为应变片，其余各臂为固定电阻。

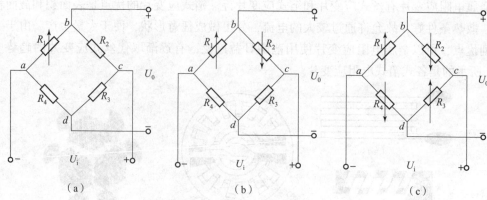

图 3-14　直流电桥测量转换电路

（a）单臂半桥；（b）双臂半桥；（c）全桥

2）双臂半桥工作方式

R_1、R_2 为应变片，R_3、R_4 为固定电阻。应变片 R_1、R_2 感受到的应变 ε_1、ε_2 以及产生的电阻增量正负号相间，可以使输出电压 U_0 成倍地增大。

3）全桥工作方式

全桥的四个桥臂都为应变片，如果设法使试件受力后，应变片 $R_1 \sim R_4$ 产生的电阻增量（或感受到的应变 $\varepsilon_1 \sim \varepsilon_4$）正负号相间，就可以使输出电压 U_0 成倍地增大。

上述 3 种工作方式中，全桥四臂工作方式的灵敏度最高，单臂半桥工作方式的灵敏度最低。

在实际应用时，应尽量采用双臂半桥或全桥的工作方式，这不仅是因为这两种工作方式的灵敏度较高，还因为它们都具有实现温度自补偿的功能。当环境温度升高时，桥臂上的应变片温度同时升高，温度引起的电阻值漂移大小一致，从而减小因桥路的温漂而带来的测量误差。

（4）电阻应变式传感器的种类及应用

1）测力传感器

应变片式传感器的最大用武之地还是称重和测力领域，如图 3-15 所示。这种测力传感器的结构由应变计、弹性元件和一些附件所组成。视弹性元件结构形式（如柱形、筒形、环形、梁式、轮辐式等）和受载性质（如拉、压、弯曲和剪切等）的不同，它们有许多种类。

例如，图 3-16 所示的电子秤，将物品重量通过悬臂梁转化结构变形再通过应变片转化为电量输出。

2）压力传感器

压力传感器主要用来测量流体的压力。视其弹性体的结构形式有单一式和组合式之分。

单一式压力传感器是指应变计直接粘贴在受压弹性膜片或筒上。

组合式压力传感器则由受压弹性元件（膜片、膜盒或波纹管）和应变弹性元件（如各种梁）组合而成。前者承受压力，后者粘贴应变计。两者之间通过传力件传递压力作用。这种结构的优点是受压弹性元件能对流体高温、腐蚀等影响起到隔离作用，使应变计具有良好的工作环境。

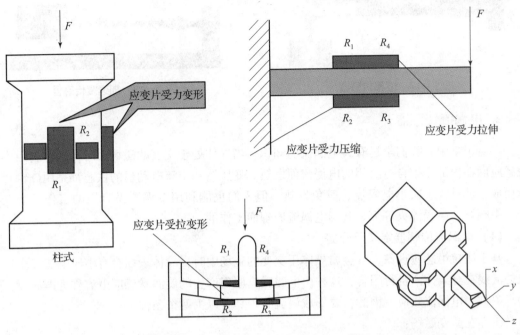

图3-15 电阻应变式传感器测力及称重简图

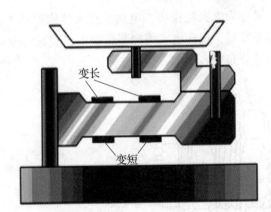

图3-16 电子秤

3）位移传感器

应变式位移传感器（图3-17）是把被测位移量转变成弹性元件的变形和应变，然后通过应变计和应变电桥，输出正比于被测位移的电量。它可用来近测或远测静态与动态的位移量。因此，既要求弹性元件刚度小，对被测对象的影响反力小，又要求系统的固有频率高，动态频响特性好。

4）其他应变式传感器

利用应变计除了可构成上述主要应用传感器外，还可构成其他应变式传感器，如通过质量块与弹性元件的作用，可将被测加速度转换成弹性应变，从而构成应变式加速度传感器（图3-18）。例如，通过弹性元件和扭矩应变计，可构成应变式扭矩传感器，等等。应变式传感器结构与设计的关键是弹性体形式的选择与计算，以及应变计的合理布片与接桥。

图 3 - 17　位移传感器

图 3 - 18　加速度传感器

2. 电涡流传感器

在电工学中，我们学过有关电涡流的知识。当导体处于交变的磁场中时，铁芯会因为电磁感应而在内部产生自行封闭的电涡流而发热。变压器和交流电动机的铁芯都是用硅钢片叠制而成，就是为了减小电涡流，避免发热。但人们也能利用电涡流做有用的工作，如电磁灶、中频炉、高频淬火等都是利用电涡流原理而工作的。

（1）电涡流传感器定义及分类

基于法拉第感应现象，置金属导体于交变的磁场中时，导体表面会有感应电流产生。电流的流线在金属体内自行闭合，这种由电磁感应原理产生的旋涡状感应电流称为电涡流，这种现象称为电涡流效应。因此，要形成涡流必须具备以下两个条件：

①存在交变磁场；

②导电体处于交变磁场中。

电涡流传感器的传感元件是一个线圈，又称为电涡流探头。电涡流探头结构如图 3 - 19 所示，实物如图 3 - 20 所示。随着电子技术的发展，现在已能将测量转换电路安装到探头的外壳体中，它具有输出信号大，不受输出电缆分布电容影响等优点。

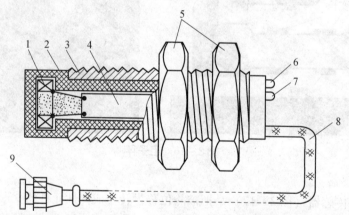

图 3 - 19　电涡流探头结构

1—电涡流线圈；2—探头壳体；3—壳体上的位置调节螺纹；4—印制线路板；5—夹持螺母；
6—电源指示灯；7—阈值指示灯；8—输出屏蔽电缆线；9—电缆插头

根据电涡流效应制成的传感器称为电涡流传感器。按照电涡流在导体内的贯穿情况，此传感器分为高频反射式与低频透射式两大类，但从基本工作原理上来说仍是相似的。电涡流式传感器最大的特点是能对位移、厚度、表面温度、速度、应力、材料损伤等进行非接触式连续测量，另外还具有体积小、灵敏度高、频率响应宽等特点，应用极其广泛。

图 3 -20 电涡流探头实物

知识链接

如何正确使用电涡流传感器

电涡流传感器与被测金属体之间是磁性耦合的，并利用这种耦合程度的变化作为测试值，因此，电涡流传感器完整地看应是传感器的线圈加上被测金属导体。因而，在电涡流传感器的使用中，必须考虑被测体的材料和几何形状、尺寸等因素对被测量的影响。

1）被测材料对测量的影响

被测体的电导率越高，其灵敏度也越高，但被测体为磁性体时，导磁率效果与涡流损耗效果呈相反作用，因此与非磁性体相比，灵敏度低。所以被测体在加工过程中遗留下来的剩磁需要进行消磁处理。

2）被测体几何形状和大小对测量的影响

为了充分有效地利用电涡流效应，被测体的半径应大于线圈半径，否则将致使灵敏度降低。一般涡流传感器，涡流影响范围约为传感器线圈直径的 3 倍。

被测体的厚度也不能太薄，一般情况下，只要有 0.2 mm 以上的厚度，则测量不受影响。

（2）电涡流传感器应用

电涡流传感器由于它具有结构简单、灵敏度高、线性范围大、频率响应范围宽、抗干扰能力强等优点，并能进行非接触测量，在科学领域和工业生产中得到广泛使用。在检测领域，电涡流传感器的用途就更多了。它可以用来探测金属（如图 3 -21、图 3 -22 所示的安全检测、探雷）、非接触地测量微小位移和振动以及测量工件尺寸、转速、表面温度等诸多与电涡流有关的参量，还可以作为接近开关和进行无损探伤。它的最大特点是非接触测量，它是检测技术中用途十分广泛的一种传感器。

图 3 -21 安全检测　　　　　　　　　　图 3 -22 探雷

下面介绍电涡流传感器的几种典型应用,如位移测量、振动测量、转速测量、电涡流表面探伤。

1) 位移和振动测量

在测量位移方面,除可直接测量金属零件的动态位移外,还可测量如金属材料的热膨胀系数、钢水液位、纱线张力、流体压力、加速度等可变换成位移量的参量。在测量振动方面,它是测量汽轮机、空气压缩机转轴的径向振动和汽轮机叶片振幅的理想器件。还可以用多个传感器并排安置在轴侧,并通过多通道指示仪表输出至记录仪,以测量轴的振动形状。图 3-23 ~ 图 3-26 是各种测量应用。

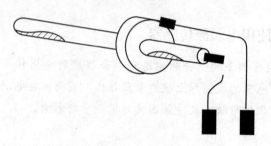

图 3-23 轴向位移测量

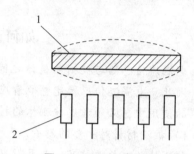

图 3-24 振动测量

1—被测体;2—电涡流式传感器

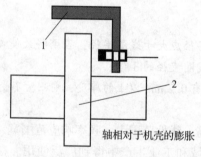

图 3-25 胀差测量

1—机壳;2—轴

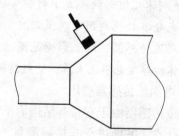

图 3-26 斜坡式胀差测量

2) 转速测量

在测量转速方面,只要在旋转体上加工或加装一个有凹缺口的圆盘状或齿轮状的金属体,并配以电涡流传感器,就能准确地测出转速,如图 3-27 所示。

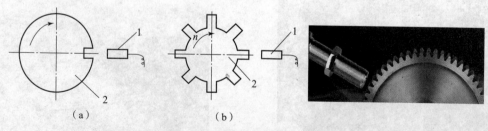

(a)　　　　　　　　(b)

图 3-27 转速测量

(a) 带有凹槽的转轴;(b) 带有凸槽的转轴

1—传感器;2—被测物

3）电涡流表面探伤测量

保持传感器与被测导体的距离不变，还可实现电涡流探伤。探测时如果遇到裂纹，导体电阻率和磁导率就发生变化，电涡流损耗，从而输出电压也相应改变。通过对这些信号的检验就可确定裂纹的存在和方位，如图3-28所示。

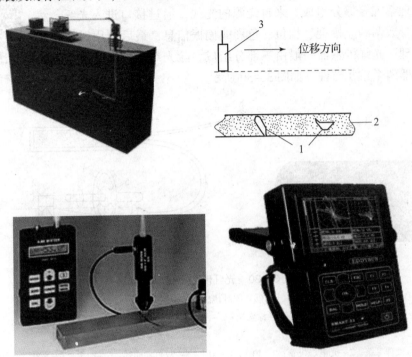

图3-28 探伤测量

1—裂纹；2—被测体；3—电涡流式传感器

此外，利用导体的电阻率与温度的关系，保持线圈与被测导体之间的距离及其他参量不变，就可以测量金属材料的表面温度，还能通过接触气体或液体的金属导体来测量气体或液体的温度。电涡流测温是非接触式测量，适用于测低温到常温的范围，且有不受金属表面污物影响和测量快速等优点。

电涡流传感器还可用作接近传感器和厚度传感器以及用于金属零件计数、尺寸检验、粗糙度检测和制作非接触连续测量式硬度计，如图3-29所示。

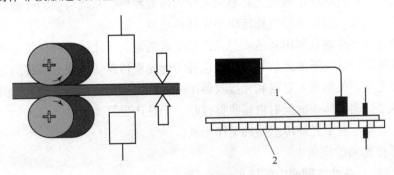

图3-29 厚度测量

1—非导体；2—导体

3. 光纤传感器

（1）光纤传感器概述

光纤传感器一般是由光源、接口、光导纤维、光调制机构、光电探测器和信号处理系统等部分组成。来自光源的光线，通过接口进入光纤，然后将检测的参数调制成幅度、相位、色彩或偏振信息，最后利用微处理器进行信息处理。光纤传感器一般由三部分组成，除光纤之外，还必须有光源和光探测器两个重要部件，如图 3-30 所示。

光纤传感器资源

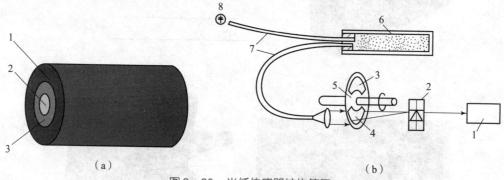

（a）   （b）

图 3-30　光纤传感器结构简图

（a）光纤传感器结构图

1—涂敷层；2—纤芯；3—包层

（b）光纤探头

1—信号处理系统；2—光电二极管；3—窗1；4—窗2；5—双色滤光器；6—探头；7—光纤；8—光源

光纤传感器与传统的传感器相比，具有灵敏度高，抗电磁干扰、电绝缘、耐腐蚀、本质安全、测量速度快、信息量大、适用于恶劣环境，质量轻、体积小、可绕曲、测量对象广泛、复用性好、成本低等特点。

光纤传感器一般分为两大类：一类是传光型，也称非功能型光纤传感器；另一类是传感型，或称为功能型光纤传感器。前者多数使用多模光纤，以传输更多的光量；而后者是利用被测对象调制或改变光纤的特性，所以只能用单模光纤。

功能型传感器利用光纤本身具有的某种敏感功能。光纤一方面起传输光的作用，另一方面作为敏感元件，被测物理量的变化将影响光纤的传输特性，从而将被测物理量的变化转变为调制的光信号。功能型传感器也称传感型光纤传感器。

非功能型光纤传感器是利用其他敏感元件感受被测量的变化，光纤仅作为传输介质，传输来自远处或难以接近场所的光信号，所以也称为传光型传感器或混合型传感器。

漫反射型光电开关集光发射器和光接收器于一体。当被测物体经过该光电开关时，发射器发出的光线经被测物体表面反射由接收器接收，于是产生开关信号。

图 3-31 简单示意了光纤传感器的工作场景。

（2）光纤传感器的应用

1）光纤传感器在油气勘探中的应用

光纤传感器由于其抗高温能力，多通络、分布式的感应能力，以及只需要较小的空间即

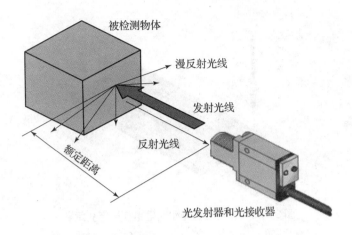

图 3 – 31   光纤传感器工作场景示意简图

可满足其使用条件的特点，使其在勘探钻井方面有其独特的优势，如井下分光计、分布式温度传感器及光纤压力传感器等。

　　流体分析仪如图 3 – 32 所示，可用于了解初期开发过程中的原油组成成分。它由两个传感器合成：一个是吸收光谱分光计；另一个是荧光和气体探测器。井下流体通过地层探针被引入出油管，光学传感器用于分析出油管内的流体。流体分析分光计则提供了原位井下流体分析，并对地层流体的评估加以改进。

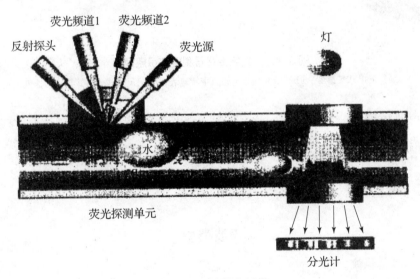

图 3 – 32   流体分析仪

　　2）电路板标志检测

　　如图 3 – 33 所示，当光纤发出的光穿过标志孔时，若无反射，说明电路板方向放置正确。

　　3）转速传感器

　　如图 3 – 34 所示，齿盘每转过一个齿，光电断续器就输出一个脉冲。通过脉冲频率的测量或脉冲计数，即可获得齿盘转速和角位移。

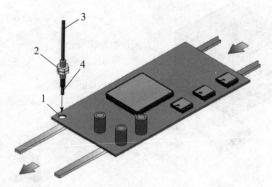

图3-33　光纤传感器检测电路板标志孔示意

1—标志孔；2—光纤耦合器；3—传输光纤；4—出射光纤

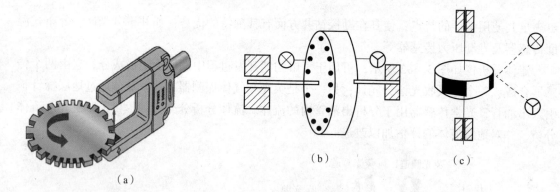

图3-34　光纤传感器测转速示意简图

（a）光电式传感器；（b）透光式光电式数字转速表；（c）反光式光电式数字转速表

4. 超声波传感器

（1）超声波传感器概述

知 识 链 接

声波类型

声波是一种机械波。

①可闻声波：振动频率为 20 Hz ~ 20 kHz 时，可为人耳所感觉。

②次声波：振动频率在 20 Hz 以下人耳无法感知，但许多动物却能感受到。例如，地震发生前的次声波就会引起许多动物的异常反应。

③超声波：振动频率高于 20 kHz 的机械振动波。

超声波的特点是指向性好，能量集中，穿透本领大，在遇到两种介质的分界面（如钢板与空气的交界面）时，能产生明显的反射和折射现象，这一现象类似光波。

超声波的传播波型主要可分为纵波、横波、表面波等类型。

超声波换能器的工作原理有压电式、磁致伸缩式、电磁式等类型，在检测技术中主要采用压电式。

（2）超声波传感器的应用

1）超声波传感器

如图3-35所示，空咖啡罐盒经漏斗灌装后，需达到规定的高度才可封装，其检测传感器多使用超声波传感器。

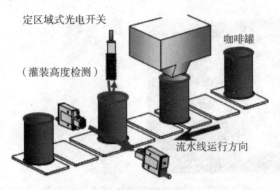

图3-35 咖啡罐自动流水线示意图

2）超声波液位计

超声波传感器测液位是利用回声原理进行工作的，如图3-36所示。当超声波探头向液面发射短促的超声脉冲，经过时间 t 后，探头接收到从液面反射回来的回波脉冲。因此，只要知道超声波的传播速度，通过精确测量时间 t 的方法，就可测量距离 L。

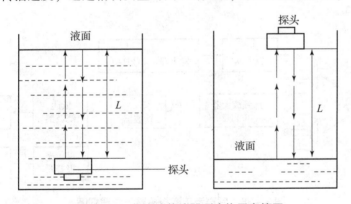

图3-36 超声波传感器测液位示意简图

超声波的速度在各种不同的液体中是不同的。即使在同一种液体中，由于温度、压力的不同，其值也是不同的。因为液体中其他成分的存在及温度的影响都会使超声波速度发生变化，引起测量的误差，故在精密测量时，要采取补偿措施。利用这种方法也可测量料位。

3）超声波测距计

如图3-37所示，汽车倒车探头装在后保险杠上，探头以45°角辐射，上下左右搜寻目标。倒车雷达显示器装在驾驶台上，它不停地提醒司机车距后面物体还有多少距离。到危险距离时，蜂鸣器就开始鸣叫，让司机停车。数字式显示器安装在驾驶台上，距离直接用数字表示。例如，1.5~0.8 m 为安全区，0.8~0.3 m 为适当区，0.3~0.1 m 为危险区。

利用换能器的压电特性，以电压激发压电片，该压电片随即产生声波并发射出去。当发射出去的声波接触物体时，会反射微弱的能量给换能器，经信号放大处理后传送至微处理器判断与该物体的距离，并由微处理器决定是否驱动蜂鸣器发出警示音。距离大于 50 cm：不发出警示音；距离为 30~50 cm：发出第一种警示音；距离小于 30 cm：发出第二种警示音。

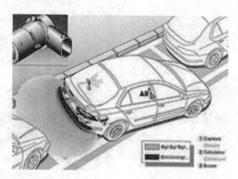

图 3-37　超声波传感器防碰撞示意简图

4）超声波防盗报警器

图 3-38 为超声波防盗报警器电原理框图。上图为发射部分，下图为接收部分的电原理框图。它们装在同一块线路板上。发射器发射出频率 $f = 40$ kHz 左右的连续超声波。如果有人进入信号的有效区域，相对速度为 v，从人体反射回接收器的超声波将由于多普勒效应，而发生频率偏移 Δf。

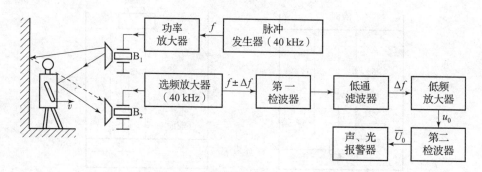

图 3-38　超声波防盗报警器电原理框图

知 识 链 接

多普勒效应

所谓多普勒效应是指当超声波源与传播介质之间存在相对运动时，接收器接收到的频率与超声波源发射的频率将有所不同。产生的频偏 $\pm \Delta f$ 与相对速度的大小及方向有关。当高速行驶的火车向你逼近和掠过时，所产生的变调声就是多普勒效应引起的。接收器将收到两个不同频率所组成的差拍信号（40 kHz 以及偏移的频率 40 kHz $\pm \Delta f$）。这些信号由选频放大器（40 kHz）放大，并经检波器检波后，由低通滤波器滤去 40 kHz 信号，而留下 Δf 的多普勒信号。此信号经低频放大器放大后，由检波器转换为直流电压，去控制报警喇叭或指示器。

利用多普勒效应可以排除墙壁、家具的影响（它们不会产生 Δf），只对运动的物体起作用。由于振动和气流也会产生多普勒效应，故该防盗报警器多用于室内。根据本装置的原理，还能运用多普勒效应去测量运动物体的速度，液体、气体的流速，汽车防碰、防追尾等。

超声波技术作为近代的新技术正逐步应用到检测技术中，特别是在环境条件恶劣或要求无接触测量的许多场合，超声检测更显示了它的优越性。

学习任务3 传感器应用的现状与发展趋势

1. 传感器的研究现状

随着工业数字化、智能化发展，传感器在机械加工、温度监测、可穿戴设备、智能家居、智能交通中得到了广泛的应用。传感器技术水平在一定程度上反映了一个国家科技现代化的水平，传感器在实现自动化控制及测试控制中发挥着重要的作用。传感器技术在近些年来发展迅速，与计算机技术和通信技术一起被称为信息技术的三大支柱，近年来，我国传感器市场发展比较迅猛，但是我国传感器技术并不成熟，在国际竞争中并不占优势，传感器市场被德国、美国、日本等工业国家所主导。根据传感器技术的发展趋势，它将由简单的传感器系统向智能化、集成化、微型化、网络化、多样化的复杂传感器系统方向发展。近年来，我国传感器产业快速增长，其应用模式也日渐成熟。传感器的重要性可以说是不言而喻的，从传感器在智能可穿戴设备、智能家居和智能交通的最新应用，以及目前传感器的市场前景来看、现代科技中，自动化与智能化已经成为新的发展方向。传感器作为自动测量与控制中的关键环节，在社会的生产生活中应用十分广泛，且具有巨大的发展空间。

（1）光电传感器技术

光电式传感器是以光为测量媒介、以光电器件为转换元件的传感器，它具有非接触、响应快、性能可靠等卓越特性。随着光电科技的飞速发展，光电传感器已成为各种光电检测系统中实现光电转换的关键元件，并在传感器应用中占据着重要的地位，其中在非接触式测量领域更是扮演着无法替代的角色。光电传感器工作时，光电器件负责将光能（红外辐射、可见光及紫外辐射）信号转换为电学信号。光电器件不仅结构简单，而且具有响应快、可靠性强等优势，在自动控制、智能化控制等方面应用前景十分广阔。此外，光电传感器除了对光学信号进行测量，还能够对引起光源变化的构件或其他被测量进行信息捕捉，再通过电路对转换的电学信号进行放大和输出。

（2）生物传感器技术

生物传感器主要由两大部分组成：生物功能物质的分子识别部分和转换部分。前者的作用是识别被测物质，即当生物传感器的敏感膜与被测物接触时，敏感膜上的某种生化活性物质就会从众多化合物中挑选适合自己的分子并与之产生作用，使其具有选择识别的能力；转换部分是由于细胞膜受体与外界发生了共价结合，通过细胞膜的通透性改变，诱发了一系列的电化学过程，而这种变换得以把生物功能物质的分子识别转换为电信号，形成了生物传感器。

（3）气敏传感器技术

气敏传感器是指将被测气体浓度转换为与其成一定关系的电量输出的装置或器件。被测气体的种类繁多，它们的性质也各不相同。所以不可能用一种方法来检测各种气体，其分析方法也随气体的种类、浓度、成分和用途而异。随着工业生产和环境检测的迫切需要，纳米气敏传感器已获得长足的进展。用零维的金属氧化物半导体纳米颗粒、碳纳米管及二维纳米薄膜等都可以作为敏感材料构成气敏传感器。这是因为纳米气敏传感器具有常规传感器不可替代的优点：

①纳米固体材料具有庞大的界面，提供了大量气体通道，从而大大提高了灵敏度；

②工作温度大大降低；

③大大缩小了传感器的尺寸。

（4）无线传感器网络技术

把传感器和无线网络两者结合提出无线传感器网络这个概念，是近几年来才发生的事情。无线传感器网络技术被公认为对21世纪产生巨大影响力的技术之一，也是国际上备受关注的前沿热点研究领域。它是由传感器节点、汇聚节点（Sink节点）、互联网和用户终端等部分组成。这个网络的主要组成部分就是一个个传感器节点。这些节点可以感受温度的高低、湿度的变化、压力的增减、噪声的升降。更让人感兴趣的是，每一个节点都是一个可以进行快速运算的微型计算机，它们将传感器收集到的信息转化为数字信号，进行编码，然后通过节点与节点之间自行建立的无线网络发送给具有更大处理能力的服务器。

传感器节点被部署在监测区域内，节点通过自组织的方式组成无线网络，它能够实时监测和采集网络分布区域内各种检测对象的信息，并将这些信息通过无线方式发送到用户终端，以实现指定范围内的目标检测与跟踪，高效、实时地获取作物环境和作物信息，这将有利于推进农业现代化。国内外越来越多的专家和学者纷纷加入该研究行列，研究成果日益丰富。

（5）接近觉传感器

接近觉传感器是指机器人能感知相距几毫米至几十厘米内对象物距离、表面性质的一种传感器。它是一种非接触的测量元件，用来感知测量范围内是否有物体存在。接近觉传感器在机器人实现目标的识别、定位与跟踪，以及运动中的避障等各种智能中发挥着重要作用。机器人利用接近觉传感器，可以感觉到近距离的对象物或障碍物，能检测出物体的距离、相对倾角甚至对象物体的表面状态。接近觉传感器可以用来避免碰撞，实现无冲击接近和抓取操作，它比视觉系统和触觉系统简单，应用也比较广泛。

2. 传感器的应用现状

现代科技中，自动化与智能化已经成为新的发展方向，传感器作为自动测量与控制中的关键环节，在社会的生产生活中应用十分广泛，且具有巨大的发展空间。

（1）传感器在智能穿戴设备上的应用

近几年各种智能穿戴设备兴起，其中智能手环、腕表甚至智能服装的形式也是多种多样的。但究其根本，在于传感器的不同。目前主流智能手环所用的传感器有意法半导体公司的 LIS3DH、Bosch Sensortec 公司的 BMA250、ADI 公司的 ADXL362、Inven Sence 公司的 MPU6500 等。这些传感器几乎都集成了陀螺仪和加速度传感器，陀螺仪用于测量角速度，加速度传感器则用于测量线性加速度，两者结合可以实现对人体睡眠、日常运动强度等监测操作。而且定位更高端的一些手环，还搭载有心率传感器、内置有 GPS。心率传感器能够读取用户运动时的心跳频率，如目前很火的 Apple Watch。这种传感器可发射 LED 绿光照射皮肤，再通过光敏二极管检测血液对绿光的吸收，从而判断血管的血流量，进一步了解心脏的运动频率。内置有 GPS 的专用运动手表，可精确捕捉运动者位置，实现测距、测时间，根据公式计算速度等专业运动功能。相比一般的运动手环、智能手表，它可以获得更加精确的数据。

日本大阪大学学者研究出一种 NiCr 薄膜触觉传感器，该传感器使用硅为基底，在硅基底上面依次沉积氧化硅、氮化硅、NiCr 薄膜后，将硅基底腐蚀形成一定形状，上面的薄膜层便形成悬臂梁结构，3 个悬臂梁结构可实现触觉的各个方位的感知。该触觉传感器可感知机械手的触觉压力最大值可达到 3 kPa。图 3-39 是上述触觉传感器的基本结构示意图。

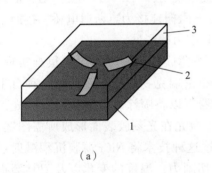

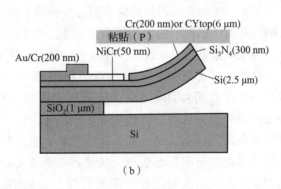

图 3-39　触觉传感器的基本结构示意图

（a）微悬臂梁的触觉传感器；

1—硅基底；2—倾斜微悬臂；3—弹性体

（b）横截面结构

（2）传感器在机械加工中的应用

随着现代科学技术的蓬勃发展，炼油、化工、冶金、电力、生物、制药等工业过程的生产规模越来越大型化、复杂化，各种类型的自动控制技术已经成了现代工业生产实现安全、高效、优质、低耗的基本条件和重要保证。传感器作为自动控制系统的神经末梢，其应用也越来越广泛。压力、温度、湿度、流量传感器、电流传感器、转速传感器、烟雾传感器等。在工业自动化领域有着广阔的应用前景。

薄膜传感器已应用于监测刀具切削过程中温度、切削力的监控。若采用沉积技术和微机电 MEMS 技术，在刀具内嵌入薄膜微传感器进行测力，可以直接地反映刀具工作情况，具有准确、有效，可靠性高等特点。切削加工系统配备装有传感器和执行元件的智能化刀具，这将是未来加工智能化的发展方向，借助微机电技术在刀具上嵌入微传感器是实现刀具切削力监测的有效方法。图 3-40 为薄膜切削力测量系统示意图，图 3-41 为薄膜传感器各层示意图。

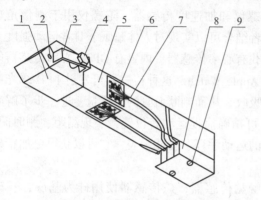

图 3-40　薄膜切削力测量系统示意图

1—刀杆；2—切削刀片；3—传感器单元；
4—可换刀片定位螺钉；5—压板；6—定位螺栓；
7—导线；8—信号输出接口端；9—接口端定位螺钉

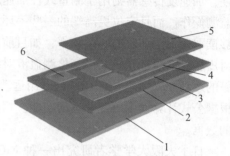

图 3-41　薄膜传感器各层示意图

1—基片层；2—三层绝缘层 $Al_2O_3/Si_xN_y/Al_2O_3$；
3—导线；4—薄膜电阻；5—绝缘层 Si_3N_4；
6—电极

图 3-42 为嵌入刀具的薄膜测力传感器系统切削力测量现场，当刀具刀柄受力后，嵌入刀柄的薄膜传感器中的电阻栅发生应变，电阻改变，将电阻栅连接为惠斯通电桥。接通电压，当电阻栅电阻发生改变，便有电压输出，从而实现切削力的测量。

在曲面（非平面）上沉积溅射材料形成所需图案的薄膜，这种方式通常很难实现，难点在于在曲面表面曝光刻蚀形成所需图案。德国的布伦瑞克物理研究院使用一种自主研发的激光光刻机器，精确度在 $10~\mu m$ 以下，这种机器可以将喷涂在金属曲面上的光刻胶形成所需的图案，而无须使用掩膜板，直接控制紫外激光在光刻胶表面形成所需图案，然后通过刻蚀电阻层形成应变传感器。图 3-43 是通过这种技术将 NiCr 薄膜沉积溅射在前刀面并形成薄膜电阻栅，用来监控刀具切削过程中切削力、温度的变化以及刀具磨损的状态。

图 3-42　薄膜测力传感器系统切削力测量现场

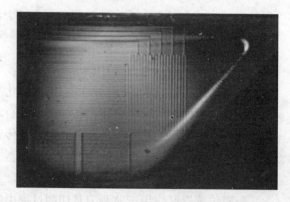

图 3-43　前刀面溅射沉积形成的电阻栅

一种镍铬薄膜传感器应用于电子封装技术方面，在相邻的两个封装焊点之间通过一系列溅射沉积技术形成 NiCr 薄膜传感器，用来测量在封装过程中封装焊点的残余应力的变化。图 3-44 是包含有封装焊点的 NiCr 薄膜传感器。在制造传感器的过程中运用了典型的 MEMS 工艺技术，即直流溅射、光刻、腐蚀以及化学蒸发沉积技术等。传感器的制作环境是在室温下进行的，而不像以硅为应变层的传感器需要在高温环境下进行。

图 3-44　包含有封装焊点的 NiCr 薄膜传感器

德国汉诺威激光中心 Oliver Suttmann 等人利用激光烧结技术，直接在沉积好的 NiCr 薄膜上烧结去除薄膜形成所需电阻栅图案，并研究了激光烧结过程中的工艺参数对其绝缘基底 Al_2O_3 的损伤性。这种工艺不使用传统的光刻工艺，而是直接利用激光烧结薄膜形成图案，大大提高了生产效率。该工艺的关键技术在于既要烧结 NiCr 薄膜形车工图案，而又不会烧结到下面的 Al_2O_3 绝缘层。图 3-45 是在不同激光烧结功率下厚度为 1.0 μm 的 Al_2O_3 薄膜烧结后的扫描电镜图。

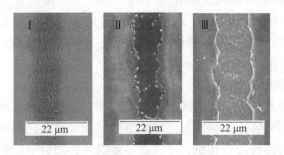

图 3-45　不同激光烧结功率厚度下 1.0 μm 的 Al_2O_3 薄膜的扫描电镜图
Ⅰ 0.45 J/cm²；Ⅱ 1.05 J/cm²；Ⅲ 1.61 J/cm²

哈尔滨工业大学 X Chen 等人将压电薄膜传感器嵌入刀具刀柄内部，使用螺钉与刀柄固定到一起，用来测量刀具切削过程中的切削力。图 3-46 是嵌入压电传感器的刀具测力系统的智能车刀结构，使用解耦算法可以实现切削过程中三向力的测量。将刀具与传感器结合为一体的新型测力系统极大地减小了测力系统的体积，改善了测力系统的使用环境。

另外，在机械加工的刀具中埋入光纤进行传感，利用光纤能高精度地传感结构中的应力变化值，探测被测试结构内部的变化并利用光时域反射计（OTDR）和光频域反射计（OFDR）技术，测试从光纤反射的信号而将各种被测的量定位。将光纤传感器网络埋入结构中，就可以"实时"检测结构中各种力学参数、损坏情况及进行系统评估，实现测试的实时化。

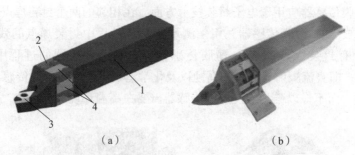

图3-46　嵌入压电传感器的刀具测力系统
(a) 智能车刀组成图
1—刀柄；2—防护罩；3—金刚石工具插入；4—压电传感器
(b) 车刀内部测力系统结构

（3）传感器在智能家居中的应用

智能家居与普通家居相比，不仅具有传统的居住功能，还兼备信息家电、设备自动化、提供全方位的信息交互功能。而这些功能的实现几乎都需要大量的传感器作为支持。传感器在智能家居中的应用包括：居家安全与便利，如安防监视、火灾烟雾检测、可燃和有毒气体检测等；节能与健康环境，如光线明亮检测、温湿度控制、空气质量等。在居家安全方面，市面上即将推出的传感器有小米公司的小米门窗传感器和Loopabs公司的"Notion"传感器。前者可以监控门窗的开关状态，后者可以识别门的开关与否，同时还能监听烟雾警报以及门铃。在居家节能与健康环境方面，智慧云谷推出系列能检测出精确数值的家用无线自动组网空气质量传感器，能够检测损害健康的甲醛、苯、一氧化碳等十几种气体及家中的温湿度并实时显示，且可以根据检测的结果对通风、加氧、除湿等进行自动调整。

（4）传感器在智能交通中的应用

传感器在智能交通系统里，就如同人的五官一样，发挥着极其重要的作用。例如，采用多目标雷达传感器与图像传感器的技术目前已经在智能交通领域崭露头角，传感器配合相机，可以在一张图片上同时显示多辆车的速度、距离、角度等信息，有效地监控道路车辆状况。同时，随着智能城市的兴起，车流量雷达、2D/3D多目标跟踪雷达也逐渐普及起来。作为

智能交通资源

系统眼睛的传感器，实时搜集道路交通状况，以便更好控制的车流显得越发重要。未来车辆排放法规、燃油的效能都将成为智能交通行业的驱动力，而传感器亦将在这些领域发挥重要的作用。在提高汽车燃油能效方面，新一代智能型的液压泵使用一个位置传感器实现对检测液压泵挡板的位置检测，从而较传统的泵节省15%燃油。

图3-47是一种嵌入电动车电池内部的一种薄膜热电偶传感器，该传感器用来测量实时的电池温度。此设计为一种在柔性聚合物中嵌入薄膜热电偶（TFTCs）用作锂离子电池内部原位温度的监测的方法。聚酰亚胺嵌入式薄膜热电偶安装在电池电解液的内部而不影响电池装配过程和环境，可以监控电池内部的热生成率。

（5）在航空航天领域的应用

用于制造航天飞机和飞机的材料是有使用寿命的。美国斯坦福大学开发了一项专利技

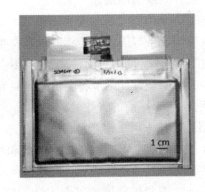

图3-47　嵌入电池的薄膜热电偶传感器

术——斯坦福多致动器接收转换（SMART）层，它的工作原理是：传感器产生的电磁波在结构部件中传播，电磁波被其他的传感器接收，最后将数据传输到计算机中进行处理，提供了一种结构健康监测的实现方法。

（6）传感器在智能工厂中的应用

在智能制造的传感器应用领域，不同行业间的差距非常大。对石油化工等工业来说，需要用到的新型高端工业传感器较少，但在高端制造领域，传感器的国产化率还很低。智能制造所需的某些特殊部件，如需要耐高温、高压的传感器，国内产品的可靠性、稳定性还是有些差距。

在航天、军工等领域，为了做到自主、安全、可控，可以不计成本地研发、生产部分高端传感器。但是应用到工业领域，目前阶段还是采购进口产品比较划算。对于高端电机、视觉、力觉等高附加值的传感器，我国现在还无法大规模生产，只能依赖进口。为了追求整个系统的一致性和可靠性，又连带许多传感器也要使用进口产品。早期，我国智能制造设备大都是从国外进口，造价很高。后来国内设备企业引进、消化之后，实现了自主生产，但是为了选型方便以及设备运行的稳定性，传感器一般还是采用原厂产品。

3. 传感器的应用趋势

（1）智能传感器、MEMS 传感器成为企业发展重心

智能传感器、MEMS 传感器最近几年都十分热门，在微小型化、智能化、多功能化和网络化的方向逐渐走向成熟。尤其是在 2019 年底，上海启动打造智能传感器产业基地，重点发展 MEMS 工艺，涵盖力、光、声、热、磁、环境等多种类传感器，这也标志着未来国内将在智能传感器、MEMS 传感器领域发力。

（2）传感器与集成电路融合发展将成为我国传感器制造重要趋势

传感器属于集成电路的细分领域，但是区别甚大，传感器的柔性化定制需求较大，并且研发周期较长，材料以及工艺较为复杂，大规模生产能力较弱。未来通过设计工具、模型表达、可测性设置以及工艺整合等途径向集成电路靠拢，可利用 MEMS 和集成电路 Ansys、Candence 定制仿真平台的集成融合，同时，建立传感器生产制造的 IP 模型，实现规模化量产；再而采用素质化测试方式，实现数模的机理转化；通过利用这些适合国内国情的发展模

式，实现传感器从设计到制造的快速升级。

（3）传感器的定制化方案更深、更广

由于功能以及应用场景等因素，传感器本身自带定制化特性。传统的标准型传感器已经无法满足 OEM 的设计需求，同时也无法满足终端用户的偏好。物联网应用场景逐渐向广度和深度拓展，更多的功能和设计细节将会出现，具有传感器的定制方案以及柔性化生产能力的企业会在未来获得 OEM 厂商的青睐。

（4）多传感器融合技术风头逐步显现

多传感器融合技术目前主要应用在自动驾驶和机器人领域，即使马斯克在 2019 年，怒怼激光雷达又贵又鸡肋，但是还是逃不脱自家超声波传感器、摄像头以及毫米波雷达的组合使用。自动驾驶安全性需要传感器的冗余支持，以及多种传感器协同提升容错率，可以预见，在未来一段时间内，自动驾驶的多传感器融合将成为市场的主流，进一步大胆预测，在可穿戴设备、健康检测、智能家居等领域，多传感器融合技术将会得到进一步应用和发展。

4. 结束语

随着机器人技术转向微型化、智能化，以及应用领域从工业结构环境拓展至深海、空间和其他人类难以进入非结构环境，使机器人传感器技术的研究与微电子机械系统、虚拟现实技术有更密切的联系。作为机器人感知系统重要组成部分的接近觉传感器也应该顺应这个发展趋势。但是，目前国内的研究水平与国外的相比还有一定的差距，为解决这一问题，我们认为现阶段应该跟踪国外技术的新动向，加强新原理、新材料、新工艺的研究。开展多传感器融合技术的研究，进一步增强接近觉传感器的多功能化、智能化。

任 务 训 练

1. 简述什么是传感器及检测技术，其包含哪些主要组成部分？
2. 简述传感器的常用类型，并举例说明。
3. 结合图 3-48 和图 3-49，查阅资料简要分析数字摄像机的工作过程及传感器的具体应用情况。

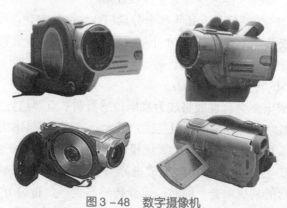

图 3-48　数字摄像机

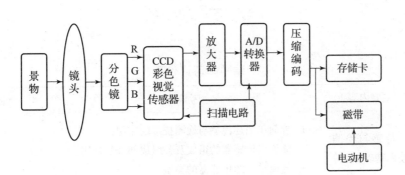

（a）

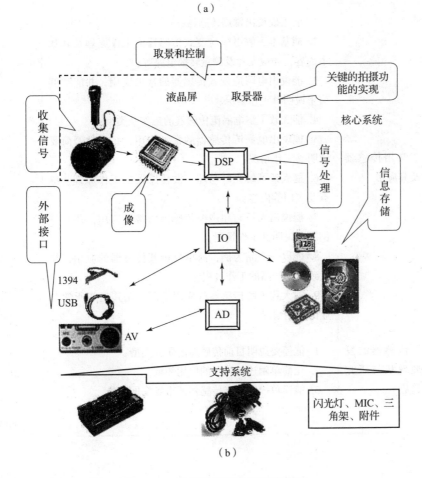

（b）

图3-49 数字摄像机基本机构简图

4. 简述日常生活中或机电产品中还有哪些常用传感器及其应用。试举一例加以分析说明其工作情况。

学 习 评 价

课题学习评价表

序号	主要内容	考核要求	配分	得分
1	传感与检测技术基础知识	1. 能简单描述传感与检测技术的作用； 2. 能说出传感器的组成及各组成部分的作用； 3. 能简单介绍传感器的类型	20	
2	常用传感器及其应用	1. 能正确说出常用传感器； 2. 能基本了解电阻应变式传感器的工作原理及其基本内容，如应变片及测量转换电路等； 3. 能说出电阻应变式传感器的常见应用，并能举例简单说明其工作情况； 4. 能大致了解电涡流传感器的工作及类型； 5. 能说出电涡流传感器的常见应用，并能举例简要说明其工作情况； 6. 能大致了解光纤与超声波传感器的工作原理、特点及应用等内容； 7. 能说出光纤与超声波传感器的常见应用，并能举例简要说明其工作情况； 8. 能以一产品为例，简单分析其传感器的应用，并大致介绍产品的工作过程； 9. 能大致了解传感器的应用情况，尤其是与所学专业的应用情况	60	
3	传感器的发展现状与研究趋势	1. 能简要说明目前传感器的研究类型； 2. 能简单阐述传感器的应用领域； 3. 能简单描述未来传感器的市场发展前景	20	
备注			自评得分	

课题4 学习伺服传动技术

本课题学习思维导图

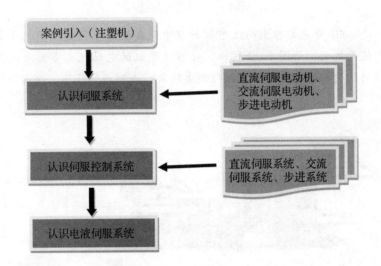

案例引入（注塑机）

↓

认识伺服系统 ← 直流伺服电动机、交流伺服电动机、步进电动机

↓

认识伺服控制系统 ← 直流伺服系统、交流伺服系统、步进系统

↓

认识电液伺服系统

　　知识目标：熟悉伺服电动机的主要特性；掌握伺服系统的结构和工作原理；熟悉伺服系统驱动器的作用和工作原理；了解伺服电动机常见问题及解决方法。

　　能力目标：提高对伺服系统及应用的认知能力；初步具备识别伺服系统类型及其工作过程的能力；能够根据所学知识分析伺服系统的工作原理。

　　素质目标：分析伺服传动技术和国外产品相比的优势、形成品牌的过程，让学生树立品牌的意识，既善于吸收世界科技先进技术，又要增强爱国主义，发展本国的技术，激发学生掌握先进技术。

案例导入

注 塑 机

　　注塑成型机简称注塑机，如图4-1所示。注塑机是塑料加工业中使用量最为广泛的加工机械，约占整个注塑机行业的40%。不仅有大量的产品可用注塑机直接生产，而且它还是组成注拉吹工艺的关键设备。注塑机是

注塑机工作视频

借助螺杆（或柱塞）推力，将已塑化好的熔融状态（即粘流态）的塑料以高压快速方式，注射到闭合好的模腔内，经冷却固化定型后取得制品的设备。整个工艺过程包括锁模、射胶、保压、储料、冷却、开模等工序。

图 4-1　卧式注塑机

伺服注塑机是 2007 年左右推出的注塑机行业中的新概念，伺服注塑机最主要的原理是流量、压力均由速度控制，如图 4-2 所示。目前注塑机的电动机大多为永磁同步交流伺服电动机，系统采用压力、流量双闭环电脑控制齿轮泵，在锁模、保压、冷却阶段能按需输出流量和压力。

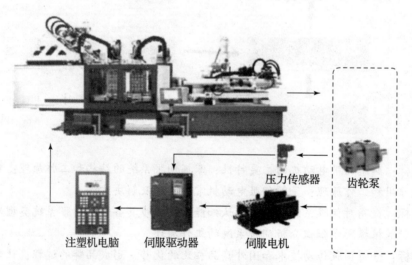

压力传感器　齿轮泵

注塑机电脑　伺服驱动器　伺服电机

图 4-2　注塑机主要控制元件

伺服注塑机流量控制原理：当压力传感器检测到的压力小于压力设定值时，伺服驱动器控制伺服电机的转速，使泵的输出流量保持在设定值。压力控制原理为：当压力传感器检测到的压力达到设定值时，伺服驱动器控制伺服电机的转矩，使泵的输出压力保持在设定值。如图 4-3 所示。

由图 4-3 的控制系统组成可以看出，伺服电动机及其驱动装置是不可或缺的器件。绝大部分机电一体化系统都具有伺服功能，机电一体化系统中的伺服控制是为执行机构按设计要求实现运动而提供控制和动力的重要环节。

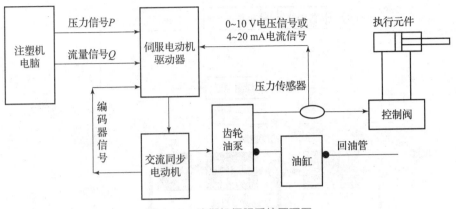

图4-3 注塑机伺服系统原理图

学习任务1 认识伺服系统

"伺服"（Servo）一词源于希腊语"奴隶"。人们想把"伺服机构"当作得心应手的驯服工具，服从控制信号的要求而动作。在信号来到之前，转子静止不动；信号来到之后，转子立即转动；当信号消失，转子能即时自行停转。由于它的"伺服"性能，因此而得名。伺服的意思就是"伺候服侍"的意思，就是在控制指令的指挥下，控制驱动元件；使机械系统的运动部件按照指令要求进行运动。

伺服系统（Feed Servo System）是使物体的位置、方位、状态等输出被控量能够跟随输入目标（或给定值）任意变化的自动控制系统。伺服的主要任务是按控制命令的要求、对功率进行放大、变换与调控等处理，使驱动装置输出的力矩、速度和位置控制的非常灵活方便。伺服系统是一种自动化运动控制装置，它决定了自动化机械的精度、控制速度和稳定性，因此说是工业自动化设备的核心。

下面介绍一下伺服系统的结构组成。

1. 伺服系统的结构组成

机电一体化的伺服控制系统的结构类型繁多，但从自动控制理论的角度来分析，伺服控制系统一般包括控制器、功率放大器、执行机构、检测装置四部分。图4-4给出了伺服系统组成原理框图。

（1）图中各个部分的简单介绍如下。

①控制器：主要任务是根据输入信号和反馈信号决定控制策略。

伺服系统组成
讲解资源

②功率放大器：作用是将信号进行放大，并用来驱动执行机构完成某种操作。

③执行机构：作用是根据控制信息和指令完成所要求的动作，主要有电磁式（交直流伺服电动机、步进电动机等）、气动式和液压式。

④检测装置：任务是测量被控制量（即输出量），实现反馈控制。

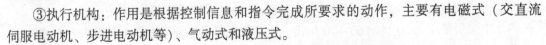

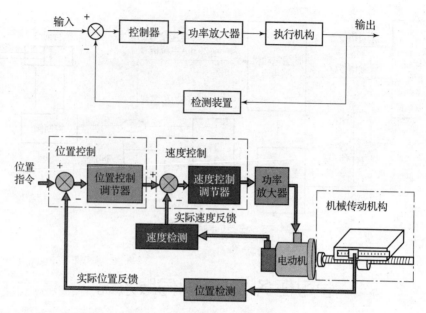

图 4 - 4　伺服系统组成原理框图

（2）伺服系统的基本工作原理如下。

位置检测装置将检测到的移动部件的实际位移量进行位置反馈，和位置指令信号进行比较，将两者的差值进行位置调节，变换成速度控制信号，控制驱动装置驱动伺服电动机运动，朝着消除偏差的方向。直至到达指定的目标位置。

（3）伺服系统的技术要求如下。

①系统精度：伺服系统精度指的是输出量复现输入信号要求的精确程度，以误差的形式表现，可概括为动态误差、稳态误差和静态误差 3 个方面。

②稳定性：伺服系统的稳定性是指当作用在系统上的干扰消失以后，系统能够恢复到原来稳定状态的能力；或者当给系统一个新的输入指令后，系统达到新的稳定运行状态的能力。

③响应特性：响应特性指的是输出量跟随输入指令变化的反应速度，决定了系统的工作效率。响应速度与许多因素有关，如计算机的运行速度、运动系统的阻尼和质量等。

④工作频率：工作频率通常是指系统允许输入信号的频率范围。当工作频率信号输入时，系统能够按技术要求正常工作；而其他频率信号输入时，系统不能正常工作。

2. 伺服系统的发展过程

伺服系统的发展紧密地与伺服电动机（Servo Motor）的不同发展阶段相联系，伺服电动机至今已有 50 多年的发展历史，经历了 3 个主要发展阶段。

第 1 个发展阶段为 20 世纪 60 年代以前。此阶段是以步进电动机驱动的液压伺服马达或以功率步进电动机直接驱动为中心的时代，伺服系统的位置控制为开环系统。

第 2 个发展阶段为 20 世纪 60—70 年代。这一阶段是直流伺服电动机的诞生和全盛发展的时代，由于直流电动机具有优良的调速性能，很多高性能驱动装置采用了直流电动机，伺服系统的位置控制也由开环系统发展成为闭环系统。在数控机床的应用领域，永磁式直流电动机占统治地位，其控制电路简单，无励磁损耗，低速性能好。

第3个发展阶段为20世纪80年代至今。这一阶段是以机电一体化时代作为背景的，由于伺服电动机结构及其永磁材料、控制技术的突破性进展，出现了无刷直流伺服电动机（方波驱动），交流伺服电动机（正弦波驱动）等新型电动机。

从工业自动化部件的产品线层次来看，工业控制产品分为控制层、驱动层和执行层。伺服系统属于驱动层和执行层，包括伺服驱动和伺服电机。控制层是自动化设备的大脑，负责发出指令，产品包括控制器、一体机等；驱动层是自动化设备的中枢神经，负责指令的上传下达，将控制层的脉冲信号放大、变换、调制为控制电机的信号，产品包括变频器、伺服驱动器等；执行层是自动化设备的肌肉骨骼，负责执行指令，产品包括各类电机。

以市场占有率划分，中国伺服系统市场呈现明显的梯次结构。同大多数高精密度的产品一样，长期以来外资品牌占据了国内伺服系统市场的大部分份额，市场占有率达77%。其中，日韩系品牌占比为45%，主要以日系品牌为主，包括松下、三菱电机、安川、三洋等，这些都是老牌的日本工业自动化设备生产商，技术上都很全面，产品特点是技术和性能水平很高，比较符合中国用户的需求，同时价格也比较高。其次为欧美品牌占比22%，其中美国知名的品牌有罗克韦尔等，德国拥有西门子、施耐德等品牌。以汇川为代表的中国公司已逐步成长起来，在低端市场替代国外品牌，并逐步向高端迈进，2015年国产品牌市占率已经达到22%。

伺服电动机又称为执行电动机，在自动控制系统中，用作执行元件，把所收到的电信号转换成机械运动（电动机轴上的角位移或角速度输出），分为直流和交流伺服电动机两大类。交流伺服要好一些，因为是正弦波控制，转矩脉动小，但直流伺服比较简单也便宜。

通常伺服电动机应符合以下基本要求：具有宽广而平滑的调速范围；具有较硬的机械特性和良好的调节特性；具有快速响应特性；空载始动电压小。

下面我们对常用伺服电机作一个简单介绍。

（1）直流伺服电动机

直流伺服电动机结构如图4-5所示，其主要种类如下：

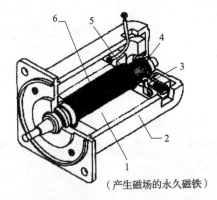

图4-5 直流伺服电动机结构示意图

1—定子；2—机壳；3—电刷（正极）；4—整流子；
5—电刷（负极）；6—转子（电枢）

直流伺服电动机
结构讲解

1）永磁直流伺服电动机；

2）无槽电枢直流伺服电动机；

3）空心杯电枢直流伺服电动机；

4）印刷绕组直流伺服电动机。

直流伺服电动机主要由磁极、电枢、电刷及换向片组成，如图4-6所示。

直流伺服电机具有良好的调速特性，较大的启动转矩和相对功率，易于控制及响应快等优点。尽管其结构复杂，成本较高，在机电一体化控制系统中还是具有较广泛应用的。

（2）交流伺服电动机

交流伺服电动机主要有以下两种：

①永磁同步伺服电动机；

②两相异步交流伺服电动机。

与直流伺服电动机比较，交流伺服电动机不需要电刷和换向器（图4-7），因而维护方便和对环境无要求；此外，交流电动机还具有转动惯量、体积和重量较小，结构简单、价格便宜等优点；尤其是交流电动机调速技术的快速发展，使它得到了更广泛的应用。因此，在伺服系统设计时，除某些操作特别频繁或交流伺服电动机在发热和启、制动特性不能满足要求时，除了选择直流伺服电动机以外，一般尽量考虑选择交流伺服电动机。交流伺服电动机的缺点是转矩特性和调节特性的线性度不及直流伺服电动机好；其效率也比直流伺服电动机低。

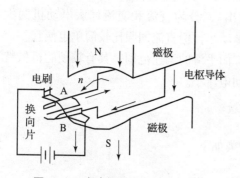

图4-6 直流伺服电动机基本结构

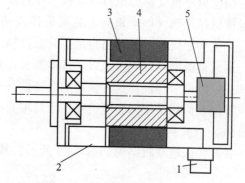

图4-7 交流伺服电动机实物结构示意图

1—接线盒；2—定子三相绕组；

3—定子；4—转子；5—编码器

（3）步进电动机

图4-8所示为步进电动机的实物图。步进电动机，顾名思义就是一步一步走的电机。所谓"走"，就是一个脉冲信号控制下转动的角度。一般每步为1.8°，若转一圈360°，需要200步才能完成。

步进电动机主要有以下3类：

①反应式步进电动机；

②永磁式步进电动机；

③永磁感应式步进电动机。

图4-8 步进电动机的实物图

永磁感应步进电动机又称电脉冲马达，是通过脉冲数量决定转角位移的一种伺服电动机。由于步进电动机成本较低，易于采用计算机控制，因而被广泛应用于开环控制的伺服系统中。步进电动机比直流电动机或交流电动机组成的开环控制系统精度高，故适用于精度要求高的机电一体化伺服传动系统。目前，一般数控机械和普通机床的微机改造中大多数采用开环步进电动机控制系统。

3. 伺服电机控制技术

伺服电机的驱动电路实际上就是将控制信号转换为功率信号，为电机提供电能的控制装置，也称为变流器，它包括电压、电流、频率、波形和相数的变换。变流器主要是由功率开关器件、电感、电容和保护电路组成。开关器件的特性决定了电路的功率、响应速度、频带宽度、可靠性和功率损耗等指标。

近年来，伺服电机控制技术正朝着交流化、数字化、智能化三个方向发展。作为数控机床的执行机构，伺服系统将电力电子器件、控制、驱动及保护等集为一体，并随着数字脉宽调制技术、特种电机材料技术、微电子技术及现代控制技术的进步，经历了从步进到直流，进而到交流的发展历程。

学习任务2　认识伺服控制系统

1. 直流伺服控制系统

采用直流伺服电动机作为执行元件的伺服控制系统，称为直流伺服系统。

（1）直流伺服电机驱动控制方式

直流伺服电机为直流供电，为调节电机转速和方向，需要对其直流电压的大小和方向进行驱动控制。目前常用可控硅变流技术直流调速驱动和晶体管脉宽调速驱动两种方式。

近年来，随着半导体制造技术和变流技术的发展，相继出现了绝缘栅极双极型晶体管（IGBT）、场控晶闸管（MCT）等新型电力电子器件。传统的开关器件包括晶闸管（SCR）、电力晶体管（GTR），可关断晶闸管（GTO）、电力场效应晶体管（MOSFET）等。包括可控硅(晶闸管)在内的电力电子器件是变流技术的核心。随着电力电子器件的发展,变流技术得到了突飞猛进的发展,特别是在交流调速应用方面获得了极大的成就。

变流技术按其功能应用可分成以下几种变流器类型。

整流器——把交流电变为固定的(或可调的)直流电。

逆变器——把固定直流电变成固定的(或可调的)交流电。

斩波器——把固定的直流电压变成可调的直流电压。

交流调压器——把固定的交流电压变成可调的交流电压。

周波变流器——把固定的交流电压和频率变成可调的交流电压和频率。

(2)常用直流伺服电机驱动

直流伺服电动机的驱动控制一般采用脉冲调制法(Pulse Width Modulation,PWM)。它是通过改变输出方波的占空比来改变等效的输出电压,广泛地用于电动机调速和阀门控制,如我们现在的电动车电机调速就是使用这种方式。

采用脉宽调速驱动系统,其开关频率高(通常达2 000~3 000 Hz),伺服机构能够响应的频带范围也较宽,与可控硅相比其输出电流脉动非常小,接近纯直流。

脉冲宽度调制(PWM)直流调速驱动系统原理如下式所示。

$$U_a = \frac{1}{T}\int_0^\tau U\mathrm{d}t = \frac{\tau}{T}U = \mu U \qquad (4-1)$$

式中,μ为导通率,又称占空比或占空系数。

1)PWM变换器基本原理

脉宽调制型(PWM)功率放大电路的基本原理是:利用大功率电器的开关作用,将直流电压转换成一定频率的方波电压,通过对方脉冲宽度的控制,改变输出电压的平均值。如图4-9所示。

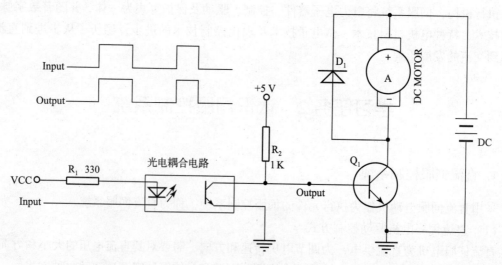

图4-9 脉宽调速示意图

2)双极式PWM变换器

双极式PWM变换器的电路和电压、电流波形如图4-10和图4-11所示。H型电路是

84

实际上广泛应用的可逆 PWM 变换器电路，它由四个可控电力电子器件（以下以电力晶体管为例）和四个续流二极管组成的桥式电路，这种电路只需要单极性电源，所需电力电子器件的耐压相对较低，但是构成调速系统的电动机电枢两端浮地。

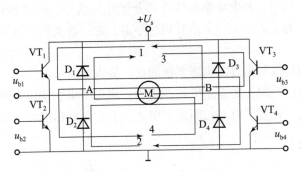

图 4 – 10 双极式 H 型可逆 PWM 变换器的电路

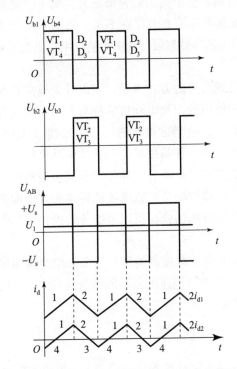

图 4 – 11 双极式 PWM 变换器的电压和电流波形

根据图 4 – 10 很容易导出双极式可逆 PWM 变换器电枢两端平均电压的表达式为

$$U_d = \frac{t_{on}}{T}U_S - \frac{T-t_{on}}{T}U_S = \left(\frac{2t_{on}}{T}-1\right)U_S \tag{4-2}$$

双极式 PWM 变换器特点如下。

优点：

①电流连续；

②可使电动机在四个象限中运行；

③电动机停止时，有微振电流，能消除摩擦死区；

④低速时，每个晶体管的驱动脉冲仍较宽，有个晶体管的可靠导通；

⑤低速时平稳性好，调速范围宽。

缺点：在工作过程中，四个功率晶体管都处于开关状态，开关损耗大，且容易发生上、下两管直通的事故。为了防止上、下两管同时导通，在一管关断和另一管导通的驱动脉冲之间，应设置逻辑延时。

综上所述，我们可以看出直流伺服系统的优、缺点如下。

优点：精确的速度控制；转矩速度特性很硬；原理简单、使用方便；价格优势明显。

缺点：电刷换向；速度受限制；附加了阻力；会产生磨损微粒（对于无尘室）。

2. 交流伺服系统

采用交流伺服电动机作为执行元件的伺服系统，称为交流伺服系统。

到20世纪80年代中后期，整个伺服装置市场都转向了交流系统。早期的模拟系统在零漂、抗干扰、可靠性、精度和柔性等方面存在不足，尚不能完全满足运动控制的要求。近年来，随着微处理器、新型数字信号处理器（DSP）的应用，出现了数字控制系统，控制部分可完全由软件进行。

交流伺服系统根据其处理信号的方式不同，可以分为模拟式伺服、数字模拟混合式伺服和全数字式伺服；如果按照使用的伺服电动机的种类不同，又可分为两种：一种是用永磁同步伺服电动机构成的伺服系统，包括方波永磁同步电动机（无刷直流机）伺服系统和正弦波永磁同步电动机伺服系统；另一种是用鼠笼型异步电动机构成的伺服系统。

按选用电机的不同将交流伺服系统分为异步型和同步型两种。

异步型交流伺服电动机的应用场合：机床主轴转速和其他调速系统。

同步型交流伺服电动机的应用场合：机床进给传动控制、工业机器人关节传动和其他需要位置和运动控制的场合。

下面以异步交流伺服电动机变频控制为例，简要介绍交流伺服控制系统。

（1）异步型交流电动机的变频调速的基本原理及特性

异步电动机的转速方程如下式。

$$n = \frac{60f_1}{p}(1-s) = n_1(1-s) \tag{4-3}$$

由上式可以看出：改变异步电动机的供电频率 f_1，可以改变其同步转速 n_1，实现调速运行，也称为变频调速。

（2）异步电动机变频调速系统

在异步电动机调速系统中，调速性能最好、应用最广的系统是变压变频调速系统。在这种系统中，要调节电动机的转速，须同时调节定子供电电源的电压和频率，可以使机械特性平滑地上下移动，并获得很高的运行效率。但是，这种系统需要一台专用的变压变频电源，增加了系统的成本。近来，由于交流调速日益普及，对变压变频器的需求量不断增长，加上市场竞争的因素，其售价逐渐走低，使得变压变频调速系统的应用与日俱增。这里主要介绍正弦脉宽调制 SPWM（Sinusoidal Pulse width modulation）变频器。

SPWM 就是在 PWM 的基础上改变了调制脉冲方式，脉冲宽度时间占空比按正弦规律排列，这样输出波形经过适当的滤波可以做到正弦波输出。它广泛地用于直流交流逆变器等，如高级一些的 UPS 就是一个例子。三相 SPWM 是使用 SPWM 模拟市电的三相输出，在变频器领域被广泛地采用。

SPWM 变压变频器的模拟控制电路框图如图 4 – 12 所示。三相对称的参考正弦电压调制信号 U_{ra}、U_{rb}、U_{rc} 由参考信号发生器提供，其频率和幅值都可调。三角载波信号 U_t 由三角波发生器提供，各相共用。它分别与每相调制信号进行比较，给出"正"的饱和输出或"零"输出，产生 SPWM 脉冲波序列 U_{da}、U_{db}、U_{dc}，作为变压变频器功率开关器件的驱动信号。SPWM 的模拟控制现在已很少应用，但它的原理仍是其他控制方法的基础。

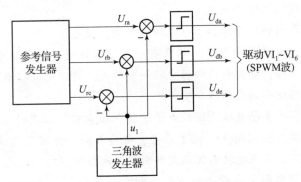

图 4 – 12　SPWM 变压变频器的模拟控制电路框图

完整的恒压频比控制的 SPWM 变频调速系统的原理框图如图 4 – 13 所示。

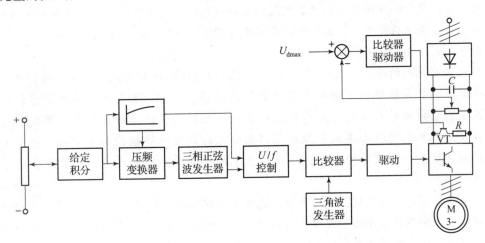

图 4 – 13　恒压频比控制的 SPWM 变频调速系统的原理框图

（3）异步电动机的特点

优点：调速范围大；转速稳定性好；频率可以连续调节，为无级调速，平滑性好，变频时电压按不同规律变化可实现恒转矩调速或恒功率调速，以适应不同负载的要求。这是异步电机调速发展的方向。

缺点：控制装置价格较贵。

知识链接

交流伺服系统必将取代直流伺服系统

交流伺服系统取代直流伺服系统已经是必然趋势，因为直流伺服电机的机械换向器和电刷给应用带来一系列问题。例如，结构和制造工艺复杂，电刷和换向器容易发生以下故障：

①电刷和换向器之间滑动接触的电阻不稳定，使电机运行不稳定；

②换向器上产生火花，引起无线电干扰，影响放大器和计算机正常工作，且使电机无法直接应用于易燃、易爆的工作环境中；

③电刷和换向器之间的摩擦增加了电机的阻力矩，使电机工作不稳定；

④换向器的表面线速度换向电流、电压有一极限容许值，约束了电机的最大转速和功率。为使换向器可靠工作，电枢和换向器直径一般较大，使得电机转动惯量增大，在快速响应要求较高、安装空间较小的应用场合受到限制。

因此，人们一直在寻求能克服上述缺点的交流伺服电机，以满足各种应用领域的需要。交流伺服电机结构简单，坚固耐用，便于维修，价格合理，克服了直流伺服电机存在的缺点。特别是新型永磁交流伺服电机的优点更加明显：永磁同步电机调速性能优越，克服了直流伺服电机机械式换向器和电刷带来的系列限制，且体积小、重量轻、效率高、转动惯量小、不存在励磁损耗问题。

现代电力电子学的大发展为交流伺服系统取代传统的直流伺服系统奠定了基础。向高频化、大容量、智能化方向发展的性能优越的全控型大功率电子器件，及集成半导体开关、信号处理、自我保护功能于一体的智能功率模块（IPM）和大功率集成电路，使交流伺服系统的关键部件之一——交流伺服驱动器成本降低。

现代控制理论的应用，促进了许多新型交流伺服电机控制方式的诞生，为交流伺服系统取代直流伺服系统提供了进一步的依据。1971年，F. Blaschke提出的矢量控制原理开创了交流伺服传动的新纪元。此后出现的直接转矩控制、磁场加速控制、参数自适应控制、滑模变结构控制以及建立在微分几何基础上的非线性解耦控制等方法，使交流伺服系统的性能达到一个较高的水平，可以和直流伺服系统的性能相媲美，甚至优于直流伺服系统的性能。

微电子技术的迅速发展，使得各种性能的微处理器不断推出，特别适用于工业领域实时控制的单片机和高速数字信号处理器（DSP）在伺服系统中的应用，大大加快了交流伺服系统取代直流伺服系统的进程。

综合交流伺服系统发展过程和现状，总结其发展趋势如下。

①伺服技术继续迅速地由直流伺服系统转向交流伺服系统。

②交流伺服系统向两大方向发展：一是简易、低成本交流伺服系统将迅速发展，应用领域进一步扩大；二是向更高性能的全数字化、智能化软件伺服的方向发展。

③在硬件结构上，由模拟电子器件转向数字电子器件、微处理器、数字信号处理器，实现半数字化、全数字化，进而由硬件伺服技术转向软件伺服技术发展，极大地增强了交流伺

服系统设计与使用的柔性。

④由于微机控制用于伺服系统，模糊控制、人工智能、神经元网络等新成果将应用于高性能交流伺服系统的研究工作。

⑤交流伺服系统所采用的逆变器将逐渐转向高频化、小型化、无噪声的逆变器。

⑥永磁伺服电机转子磁钢由采用铁氧体、稀土钴转向钕铁硼发展，使电机具有更好的性能价格比。

直流伺服电机在数控进给伺服系统中曾得到了广泛应用，它具有良好的调速和转矩特性，但是它的结构复杂、制造成本高、体积大，而且电机的电刷容易磨损，换向器会产生火花，使直流伺服电机的容量和使用场合受到限制。交流伺服电机没有电刷和换向器等结构上的缺点；并且随着新型功率开关器件、专用集成电路、计算机技术和控制算法等的发展，促进了交流驱动电路的发展，使交流伺服驱动的调速特性更能适应数控机床进给伺服系统的要求。现代数控机床都倾向采用交流伺服驱动，交流伺服驱动大有取代直流伺服驱动之势。交流伺服系统在许多性能方面都优于步进电机。

交流伺服系统的发展与数字化控制的优点：

进入20世纪80年代后，因为微电子技术的快速发展，电路的集成度越来越高，对伺服系统产生了很重要的影响，交流伺服系统的控制方式迅速向微机控制的方向发展，并由硬件伺服转向软件伺服，智能化的软件伺服将成为伺服控制的一个发展趋势。

伺服系统控制器的实现方式在数字控制中也在由硬件方式向软件方式发展；在软件方式中也是从伺服系统的外环向内环、进而向接近电动机环路的更深层发展。

目前，伺服系统的数字控制大都是采用硬件与软件相结合的控制方式，其中软件控制方式一般是利用微机实现的。这是因为基于微机实现的数字伺服控制器与模拟伺服控制器相比，具有以下优点。

①能明显地降低控制器硬件成本。速度更快、功能更新的新一代微处理机不断涌现，使硬件费用会变得很便宜。体积小、重量轻、耗能少是它们的共同优点。

②可显著改善控制的可靠性。集成电路和大规模集成电路的平均无故障时间（MTBF）大大长于分立元件电子电路。

③数字电路温度漂移小，也不存在参数的影响，稳定性好。

④硬件电路易标准化。在电路集成过程中采用了一些屏蔽措施，可以避免电力电子电路中过大的瞬态电流、电压引起的电磁干扰问题，因此可靠性比较高。

⑤采用微处理机的数字控制，使信息的双向传递能力大大增强，容易和上位系统机联运，可随时改变控制参数。

⑥可以设计适合众多电力电子系统的统一硬件电路，其中软件可以模块化设计，拼装构成适用于各种应用对象的控制算法，以满足不同的用途。软件模块可以方便地增加、更改、删减，或者当实际系统变化时彻底更新。

⑦提高了信息存储、监控、诊断以及分级控制的能力，使伺服系统更趋于智能化。

⑧随着微机芯片运算速度和存储器容量的不断提高，性能优异但算法复杂的控制策略有了实现的基础。

3. 步进电动机控制系统

（1）步进电动机的结构与工作原理

步进电动机是一种将电脉冲转化为角位移的执行机构。当步进驱动器接收到一个脉冲信号，它就驱动步进电动机按设定的方向转动一个固定的角度（及步进角）。可以通过控制脉冲个数来控制角位移量，从而达到准确定位的目的；同时可以通过控制脉冲频率来控制电动机转动的速度和加速度，从而达到调速的目的。

步进电动机按其工作原理主要可分为磁电式和反应式两大类，我们就以常用的反应式步进电动机为例做个简单介绍。

三相反应式步进电动机的工作原理如图4-14所示，其中步进电动机的定子上有6个齿，其上分别缠有U、V、W三相绕组，构成三对磁极，而转子上均匀分布着4个齿。步进电动机采用直流电源供电。当U、V、W三相绕组轮流通电时，通过电磁力的吸引，步进电动机转子一步一步地旋转。

假设U相绕组首先通电，则转子上、下两齿被磁场吸住，转子就停留在U相通电的位置上。然后U相断电，V相通电，则磁极U的磁场消失，磁极V产生了磁场，磁极V的磁场把离它最近的另外两齿吸引过去，停止在V相通电的位置上，这时转子逆时针转了30°。随后V相断电，W相通电，根据同样的道理，转子又逆时针转了30°，停止在W相通电的位置上。若U相通电，W相断电，那么转子再逆转30°。定子各相轮流通电一次，转子转一个齿。步进电动机绕组按U→V→W→U→V→W→U……依次轮流通电，步进电动机转子就一步步地按逆时针方向旋转。反之，如果步进电动机按倒序依次使绕组通电，即U→W→V→U→W→V→U……则步进电动机将按顺时针方向旋转。

步进电动机绕组每次通断电使转子转过的角度称为步距角。上述分析中的步进电动机步距角为30°。对于一个真实的步进电动机，为了减少每通电一次的转角，在转子和定子上开有很多定分的小齿。其中定子的三相绕组铁芯间有一定角度的齿差，当U相定子小齿与转子小齿对正时，V相和W相定子上的齿则处于错开状态，如图4-14（b）所示。真实步进电动机的工作原理与上同，只是步距角是小齿距夹角的1/3。

步进电动机驱动控制系统结构如图4-15所示。通过单片机或是计算机等发送控制命令给电机驱动器，电机驱动器将控制命令转化为驱动信号给执行电机。

步进驱动控制面板包含步进电动机的驱动信号，与运动控制器的接口、方向和脉冲等控制信号接口。

图中的+A，-A，+B，-B，AC，BC信号为步进电机的电源线，用于驱动电机的运动。+5 V，PUL+，DIR+为与控制器相连的控制信号。其含义分别为：

+5 V为电源。

PUL+为脉冲信号，用于位置模式下的电机控制。

DIR+为方向信号，用于位置模式下的电机控制。

步进电动机一般用于开环伺服系统，由于没有位置反馈环节，故位置控制的精度由步进电机和进给丝杠等来决定。虽档次低，但是结构简单价格较低。在要求不高的场合仍有广泛应用。在数控机床领域中大功率的步进电机一般用在进给运动（工作台）控制上，但是就

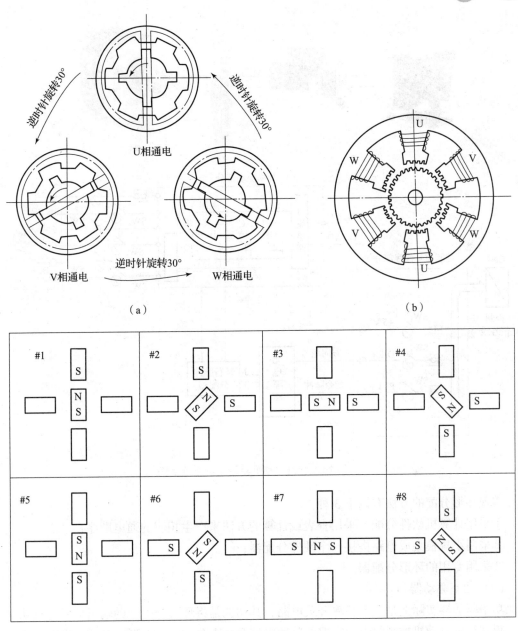

图 4 - 14　三相反应式步进电动机的工作原理

控制性能来说其特性不如交流伺服电动机。振动、噪声也比较大。尤其是在过载情况下，步进电机会产生失步，严重影响加工精度，但其便宜的价格，方便使用的特点，在工业中得到了广泛的应用。

（2）环形分配器

步进电动机的各绕组必须按一定的顺序通电才能正确工作，这种使电动机绕组的通电顺序按输入脉冲的控制而循环变化的装置称为脉冲分配器，又称为环形分配器。

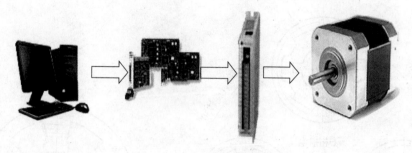

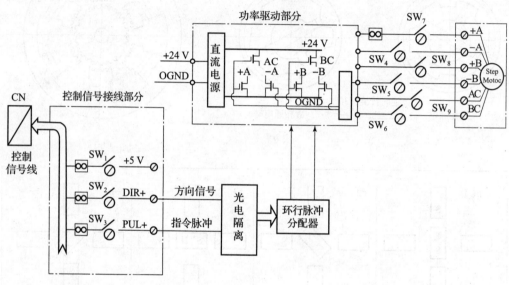

图4-15 步进电动机驱动控制系统结构

实现环形分配的方法有以下3种：

①采用计算机软件分配，采用查表或计算的方法来产生相应的通电顺序；

②采用小规模集成电路搭接一个硬件分配器；

③采用专用的环形分配器。

（3）功率驱动器

功率驱动器实际上是一个功率开关电路，其功能是将环形分配器的输出信号进行功率放大，得到步进电动机控制绕组所需要的脉冲电流及所需要的脉冲波形。开环步进电动机控制系统框图如图4-16所示。

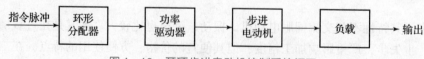

图4-16 开环步进电动机控制系统框图

步进电动机驱动电路的种类很多，按其主电路结构如下。

①单电源驱动电路，如图4-17所示。

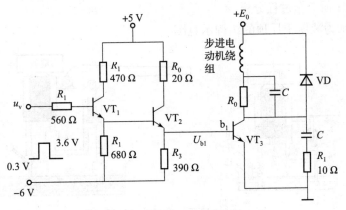

图4-17 单电源驱动电路

②双电源驱动电路（高、低压驱动电路），如图4-18所示。

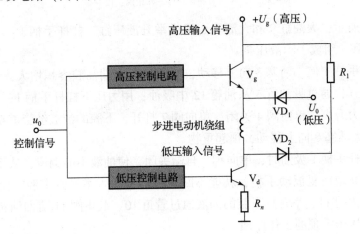

图4-18 高、低压驱动电路

学习任务3 认识电液伺服系统

自动控制系统中将输出量以一定准确度跟随输入量变化而变化的系统称为伺服系统，而稳定性好、精度高、响应快是对它的基本要求。液压传动技术作为一项十分重要的传动技术在工业领域获得了广泛的应用。近代液压技术与微电子技术密切结合，使电液伺服技术得到迅速发展。电液伺服系统（Electro-hydraulic Servo System）是一种由电信号处理装置和液压动力机构组成的反馈控制系统。最常见的有电液位置伺服系统、电液速度控制系统和电液力（或力矩）控制系统。

1. 液压传动工作原理

液压千斤顶是液压传动的典型应用之一，下面就以液压千斤顶为例，简要介绍液压传动的基本原理。

（1）液压千斤顶工作过程分析

图4-19所示为液压千斤顶的结构示意图。

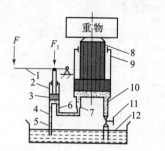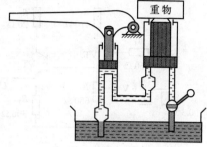

图4-19 液压千斤顶的结构示意图

1—杠杆手柄；2—小油缸；3—小活塞；4，7—单向阀；5—吸油管；6，10—管道；
8—大活塞；9—大油缸；11—截止阀；12—油箱

如图4-19所示，大油缸9和大活塞8组成举升液压缸。杠杆手柄1、小油缸2、小活塞3、单向阀4和7组成手动液压泵。

如提起杠杆手柄1使小活塞3向上移动，小活塞3下端油腔容积增大，形成局部真空，这时单向阀4打开，通过吸油管5从油箱12中吸油；用力压下杠杆手柄1，小活塞3下移，小活塞3下腔压力升高，单向阀4关闭，单向阀7打开，下腔的油液经管道6输入举升油缸9的下腔，迫使大活塞8向上移动，顶起重物。

再次提起杠杆手柄1吸油时，单向阀7自动关闭，使油液不能倒流，从而保证了重物不会自行下落。不断地往复扳动手柄，就能不断地把油液压入举升缸下腔，使重物逐渐地升起。如果打开截止阀11，举升缸下腔的油液通过管道10、截止阀11流回油箱，重物就向下移动。这就是液压千斤顶的工作原理。

（2）液压原理

通过对上面液压千斤顶工作过程的分析，可以初步了解到液压传动的基本工作原理。

液压传动是利用有压力的油液作为传递动力的工作介质。压下杠杆手柄1时，小油缸2输出压力油，将机械能转换成油液的压力能，压力油经过管道6及单向阀7，推动大活塞8举起重物，将油液的压力能又转换成机械能。大活塞8举升的速度取决于单位时间内流入大油缸9中油容积的多少。由此可见，液压传动是一个不同能量的转换过程。

液压系统主要由以下四部分组成：

①能源装置——把机械能转换成油液液压能的装置，最常见的形式就是液压泵，它给液压系统提供压力油。

②执行元件——把油液的液压能转换成机械能的元件，如做直线运动的液压缸，或做回转运动的液压马达。

③控制调节元件——对系统中油液压力、流量或油液流动方向进行控制或调节的元件，如溢流阀、节流阀、换向阀、开停阀等。这些元件的不同组合形成了不同功能的液压系统。

④辅助元件——上述三部分以外的其他元件，如油箱、过滤器、油管等。它们对保证系统正常工作有重要作用。

知识链接

气动技术

气动技术，全称为气压传动与控制技术，它是生产过程自动化和机械化的最有效手段之一，且具有高速与高效、清洁安全、低成本、易维护等优点，被广泛应用于轻工机械领域中，在食品包装及生产过程中也正在发挥着越来越重要的作用。

气动原理和液压原理有所不同，它是利用压缩空气产生的压缩能量，在受控制的状态下释放，推动执行机构工作。

气压传动系统，除了能源装置——气源装置，执行元件——气缸、气马达，控制元件——气动阀，辅助元件——管道、接头、消声器外，还常常装有一些完成逻辑功能的逻辑元件等。

气动技术的主要优点如下。

①气动装置结构简单、轻便、安装维护简单。压力等级低、故使用安全。

②工作介质是取之不尽的空气、空气本身不花钱。排气处理简单，不污染环境，成本低。

③输出力以及工作速度的调节非常容易。气缸的动作速度一般为 50~500 mm/s，比液压和电气方式的动作速度快。

④可靠性高，使用寿命长。电器元件的有效动作次数约为百万次，而 SMC 的一般电磁阀的寿命大于 3 000 万次，小型阀超过 2 亿次。

⑤利用空气的压缩性，可贮存能量，实现集中供气。可短时间释放能量，以获得间歇运动中的高速响应；可实现缓冲；对冲击负载和过负载有较强的适应能力。在一定条件下，可使气动装置有自保持能力。

⑥全气动控制具有防火、防爆、防潮的能力。与液压方式相比，气动方式可在高温场合使用。

⑦由于空气流动损失小，压缩空气可集中供应，远距离输送。

气动技术的主要缺点如下。

①由于空气有压缩性，气缸的动作速度易受负载的变化而变化。采用气液联动方式可以克服这一缺陷。

②气缸在低速运动时候，由于摩擦力占推力的比例较大，气缸的低速稳定性不如液压缸。

③虽然在许多应用场合，气缸的输出力能满足工作要求，但其输出力比液压缸小。

2. 电液伺服控制系统

电液伺服控制系统是以液压为动力，采用电气方式实现信号传输和控制的机械量自动控制系统。按系统被控机械量的不同，它又可以分为电液位置伺服系统、电液速度伺服控制系统和电液力控制系统 3 种。下面就以电液位置伺服控制系统为例，简要介绍一下电液伺服系统的组成和原理。

电液位置伺服控制系统适合负载惯性大的高速、大功率对象的控制，它已在飞行器的姿态控制、飞机发动机的转速控制、雷达天线的方位控制、机器人关节控制、带材跑偏、张力控制、材料试验机和加载等装置中得到了应用。

（1）电液伺服控制系统原理

图4-20是一个典型的电液位置伺服控制系统。图中反馈电位器与指令电位器接成桥式电路。反馈电位器滑臂与控制对象相连，其作用是把控制对象位置的变化转换成电压的变化。反馈电位器与指令电位器滑臂间的电位差（反映控制对象位置与指令位置的偏差）经放大器放大后，加于电液伺服阀转换为液压信号，以推动液压缸活塞，驱动控制对象向消除偏差方向运动。当偏差为零时，停止驱动，因而使控制对象的位置总是按指令电位器给定的规律变化。

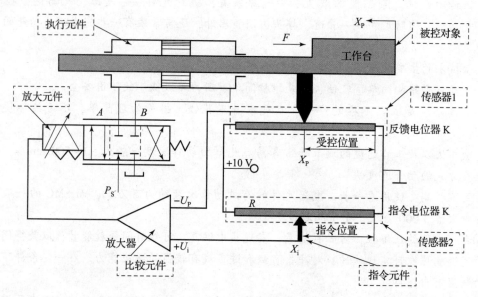

图4-20　一个典型的电液位置伺服控制系统

（2）电液伺服系统的组成和主要器件

电液伺服系统中常用的位置检测元件有自整角机、旋转变压器、感应同步器和差动变压器等。伺服放大器为伺服阀提供所需要的驱动电流。电液伺服阀的作用是将小功率的电信号转换为阀的运动，以控制流向液压动力机构的流量和压力。因此，电液伺服阀既是电液转换元件又是功率放大元件，它的性能对系统的特性影响很大，是电液伺服系统中的关键元件。

液压动力机构由液压控制元件、执行机构和控制对象组成。液压控制元件常采用液压控制阀或伺服变量泵。常用的液压执行机构有液压缸和液压马达。液压动力机构的动态特性在很大程度上决定了电液伺服系统的性能。

电液伺服系统主要由电信号处理部分和液压的功率输出部分组成。

电液伺服控制系统不管多么复杂，都是由以下一些基本元件组成的，如图4-21所示。

①输入元件：也称指令元件，它给出输入信号（指令信号）加于系统的输入端，可以是机械的、电气的、气动的，如靠模、指令电位器或计算机等。

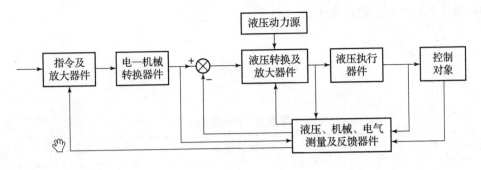

图4-21 电液伺服控制系统

②反馈测量元件：测量系统的输出并转换为反馈信号。这类元件也是多种形式的。各种传感器常作为反馈测量元件。

③比较元件：将反馈信号与输入信号进行比较，给出偏差信号。

④放大转换元件：将偏差信号放大、转换成液压信号（流量或压力），如伺服放大器、机液伺服阀、电液伺服阀等。

⑤执行元件：产生调节动作加于控制对象上，实现调节任务，如液压缸和液压马达等。

⑥控制对象：被控制的机器设备或物体，即负载。

⑦其他：各种校正装置，以及不包含在控制回路内的液压能源装置。

为改善系统性能，电液伺服系统常采用串联滞后校正来提高低频增益，降低系统的稳态误差。此外，采用加速度或压力负反馈校正则是提高阻尼性能而又不降低效率的有效办法。

综上所述可以看到，电液伺服系统有许多优点，其中最突出的就是响应速度快、输出功率大、控制精确性高，因而在航空、航天、军事、冶金、交通、工程机械等领域均得到了广泛的应用。人类使用水利机械及液压传动虽然已有很长的历史，但液压控制技术的快速发展却还是近几十年的事，随着电液伺服阀的诞生，使液压伺服技术进入了电液伺服时代，其应用领域也得到了广泛的扩展。

任 务 训 练

1. 步进电动机的结构及工作原理是什么？驱动方式有哪些？各有何特点？

2. 什么是伺服控制？为什么机电一体化系统的运动控制往往是伺服控制？

3. 机电一体化对伺服系统的技术要求是什么？

4. 比较直流伺服电动机和交流伺服电动机的适用环境差别。

5. 直流伺服的特点是什么？驱动方式有哪些？

6. 交流伺服的特点是什么？驱动方式有哪些？

7. 简述各种伺服电机的区别和特点。

8. 简述交流电动机变频调速控制方案。

9. 交流变频调速有哪几种类型，各有什么特点？

10. 液压执行机构的特点是什么？

学 习 评 价

课题学习评价表

序号	主要内容	考核要求	配分	得分
1	直流伺服系统	1. 能说出直流伺服系统的各组成环节及其工作原理； 2. 能简单讲述 PWM 功率放大器的基本原理； 3. 可以说出双极式 PWM 变换器的特点； 4. 能知晓直流伺服系统的稳态误差及减小方法，直流伺服系统的动态校正方法	20	
2	交流伺服系统	1. 能回答交流伺服系统的分类及应用场合； 2. 能说出异步型交流电动机的变频调速的基本原理及特性； 3. 可以简单讲述变频调速系统结构及工作原理	30	
3	步进电动机控制系统	1. 能熟练说出步进电动机的结构、工作原理及使用特性； 2. 看得懂环形分配器的概念及实现环形分配的方法； 3. 能回答步进电动机驱动电路的种类及其工作原理； 4. 能听懂提高系统精度的措施	25	
4	电液伺服系统	1. 能熟练回答电液伺服控制系统的概念、特点及分类； 2. 能回答电液位置伺服控制系统的分类及相应系统的工作原理； 3. 能读懂电液位置伺服系统应用实例	25	
备注			自评得分	

课题5 学习计算机控制接口技术

本课题学习思维导图

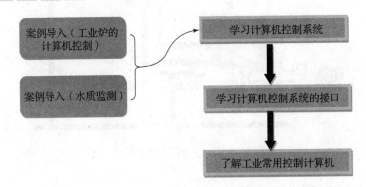

知识目标：重点掌握计算机控制系统的结构原理、分类以及组成；了解计算机控制系统的类型；了解计算机控制系统的发展方向；了解接口技术的概念及种类；了解工业控制计算机系统的分类及硬件组成的一般形式；了解STD总线的技术特点。

能力目标：具备对（工业）计算机控制系统及应用的认知能力；初步具有识别计算机系统的类型及其工作过程的能力；能够分析计算机控制系统及其接口技术的工作原理；可以运用所学的计算机和控制接口方面的基础知识，了解解决现代工业控制过程中的实际问题的过程。

素质目标：合理安排每个成员的分工任务，发挥队长的引领作用和团队成员间的互助友善；培养环境保护意识，能自觉践行社会主义核心价值观。

案例导入

1. 工业炉的计算机控制

图5-1为工业炉计算机控制的典型情况，其燃料为燃料油或者煤气，为了保证燃料在炉膛内正常燃烧，必须保持燃料和空气的比值恒定。图5-2所示为控制系统实物图。

图5-1中描述了燃料和空气的比值控制过程，它可以防止空气太多时，过剩空气带走大量热量；也可防止当空气太少时，由于燃料燃烧不完全而产生许多一氧化碳或炭黑。为了保持所需的炉温，将测得的炉温送入数字计算机计算，进而控制燃料和空气阀门的开度。为了保持炉膛压力恒定，避免在压力过低时从炉墙的缝隙处吸入大量过剩空气，或在压力过高

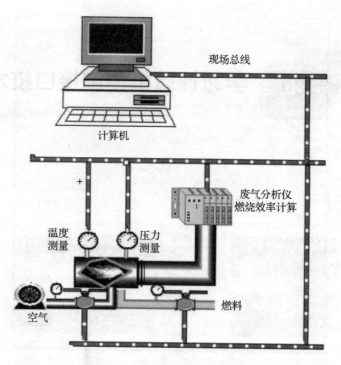

图5-1 工业炉的计算机控制

图5-2 控制系统实物图

时大量燃料通过缝隙逸出炉外，同时还采用了压力控制回路。将测得的炉膛压力送入计算机，进而控制烟道出口挡板的开度。

此外，为了提高炉子的热效率，还需对炉子排出的废气进行分析，一般是用氧化锆传感器测量烟气中的微量氧，通过计算而得出其热效率，并用以指导燃烧调节。

2. 水质监测

我国很多工业城市的废水排放量较大，已造成城市地表水的严重污染。各城市的环境监测中心站肩负着对城市地表环境水质及污染源排放废水的监测工作，很多城市相继形成了以市站为网头，与区站、行业站构成一体的废水监测网。

为提高水质监测能力，建立了如图5-3所示的工业废水在线监测系统，系统建成一个由污水排放监测子站、监测中心站和管理中心（城市环保局）组成的城市废水监测网络系统。该系统可实现对企业废水和城市污水的自动采样、流量的在线监测和主要污染因子的在线监测；实时掌握企业及城市污水排放情况及污染物排放总量，实现监测数据自动传输；由监测中心站的计算机控制中心进行数据汇总、整理和综合分析；监测信息传至城市环保局，由城市环保局对企业进行监督管理。

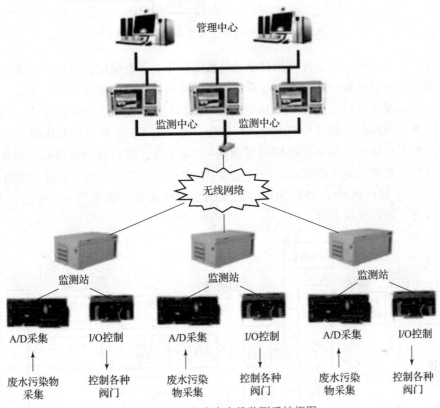

图 5-3　工业废水在线监测系统框图

从上述两个案例可以看出，计算机控制以及网络技术的使用，极大地提高了系统控制的自动化水平和控制的精度以及实时性。采用计算机控制技术已经成为机电一体化技术的重要特征。

学习任务 1　学习计算机控制系统

1. 计算机控制系统的组成

将模拟式自动控制系统中的控制器的功能用计算机来实现，就组成了一个典型的计算机控制系统，如图 5-4 所示。简单地说，计算机控制系统就是采用计算机来实现的工业自动控制系统。

在控制系统中引入计算机，可以充分利用计算机的运算、逻辑判断和记忆等功能完成多

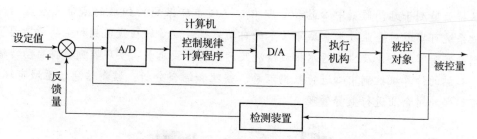

图5-4 计算机控制系统基本框图（闭环）

种控制任务。在系统中，由于计算机只能处理数字信号，因而给定值和反馈量要先经过A/D转换器将其转换为数字量，才能输入计算机。当计算机接收了给定量和反馈量后，依照偏差值，按某种控制规律进行运算（如PID运算），计算结果（数字信号）再经过D/A转换器，将数字信号转换成模拟控制信号输出到执行机构，便完成了对系统的控制作用。

典型的机电一体化控制系统结构可用图5-5来示意，它可分为硬件和软件两大部分。硬件是指计算机本身及其外围设备，一般包括中央处理器、内存储器、磁盘驱动器、各种接口电路、以A/D转换和D/A转换为核心的模拟量I/O通道、数字量I/O通道以及各种显示、记录设备、运行操作台等。

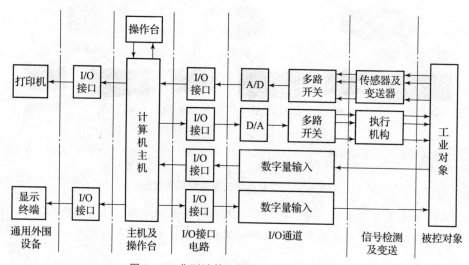

图5-5 典型计算机控制系统的组成示意

（1）计算机硬件的主要组成

①由中央处理器、时钟电路、内存储器构成的计算机主机是组成计算机控制系统的核心部件，主要进行数据采集、数据处理、逻辑判断、控制量计算、越限报警等，通过接口电路向系统发出各种控制命令，指挥全系统有条不紊地协调工作。

②操作台是人—机对话的联系纽带，操作人员可通过操作台向计算机输入和修改控制参数，发出各种操作命令；计算机可向操作人员显示系统运行状况，发出报警信号。操作台一般包括各种控制开关、数字键、功能键、指示灯、声讯器、数字显示器或CRT显示器等。

③通用外围设备主要是为了扩大计算机主机的功能而配置的。它们用来显示、存储、打

印、记录各种数据。常用的有打印机、记录仪、图形显示器（CRT）、软盘、硬盘及外存储器等。

④I/O接口与I/O通道是计算机主机与外部连接的桥梁，常用的I/O接口有并行接口和串行接口。I/O通道有模拟量I/O通道和数字量I/O通道。其中模拟量I/O通道的作用有两个：一方面将经由传感器得到的工业对象的生产过程参数变换成二进制代码传送给计算机；另一方面将计算机输出的数字控制量变换为控制操作执行机构的模拟信号，以实现对生产过程的控制。数字量通道的作用除完成编码数字输入输出外，还可将各种继电器、限位开关等的状态通过输入接口传送给计算机，或将计算机发出的开关动作逻辑信号经由输出接口传送给生产机械中的各个电子开关或电磁开关。

⑤传感器的主要功能是将被检测的非电学量参数转变成电学量，如热电偶把温度变成电压信号，压力传感器把压力变成电信号等。变送器的作用是将传感器得到的电信号转变成适用于计算机接口使用的标准的电信号（如0~10 mA DC）。

此外，为了控制生产过程，还需有执行机构。常用的执行机构有各种电动、液动、气动开关，电液伺服阀，交、直流电动机，步进电动机等。

（2）计算机软件

软件是指计算机控制系统中具有各种功能的计算机程序的总和，如完成操作、监控、管理、控制、计算和自诊断等功能的程序。整个系统在软件指挥下协调工作。从功能区分，软件可分为系统软件和应用软件。

①系统软件：由计算机的制造厂商提供，用来管理计算机本身的资源和方便用户使用计算机的软件。常用的有操作系统、开发系统等，它们一般不需用户自行设计编程，只需掌握使用方法或根据实际需要加以适当改造即可。

②应用软件：用户根据要解决的控制问题而编写的各种程序，如各种数据采集、滤波程序、控制量计算程序、生产过程监控程序等。通常是由用户或者用户委托专业人员根据需要自行编制的。

在计算机控制系统中，软件和硬件不是独立存在的，在设计时必须注意两者间的有机配合和协调，只有这样才能研制出满足生产要求的、高质量的控制系统。

2. 计算机在控制中的应用方式

根据计算机在控制中的应用方式，可以把计算机控制系统划分为4类：操作指导控制系统、直接数字控制系统、监督计算机控制系统和分级计算机控制系统。

（1）操作指导控制系统

如图5-6所示，在操作指导控制系统中，计算机的输出不直接用来控制生产对象。计算机只是对生产过程的参数进行采集，然后根据一定的控制算法计算出供操作人员参考、选择的操作方案和最佳设定值等，操作人员根据计算机的输出信息去改变调节器的设定值，或者根据计算机输出的控制量执行相应的操作。操作指导控制系统的优点是结构简单，控制灵活安全，特别适用于未摸清控制规律的系统，常常被用于计算机控制系统研制的初级阶段，或用于试验新的数学模型和调试新的控制程序等。由于最终需人工操作，故不适用于快速过程的控制。

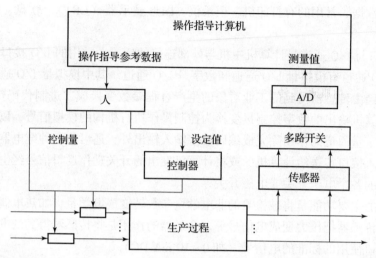

图5-6 计算机操作指导控制系统示意图

计算机操作指导控制系统应用如图5-7所示，为某数控机床工件加工示意图。操作人员根据被加工工件的尺寸设定好加工参数后，机床开始对工件进行加工。整个加工过程由机床控制器进行控制，加工完成后操作人员需要对工件进行尺寸的测量以便调整加工精度。

（2）直接数字控制系统

直接数字控制DDC（Direct Digital Control）系统是计算机用于工业过程控制最普遍的一种方式，其结构如图5-8所示。计算机通过输入通道对一个或多个物理量进行巡回检测，并根据规定的控制规律进行运算，然后发出控制信号，通过输出通道直接控制调节阀等执行机构。

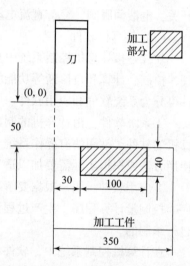

图5-7 数控机床工件加工示意图

在DDC系统中的计算机参加闭环控制过程，它不仅能完全取代模拟调节器，实现多回路的PID（比例、积分、微分）调节，而且不需改变硬件，只需通过改变程序就能实现多种较复杂的控制规律，如串级控制、前馈控制、非线性控制、自适应控制、最优控制等。

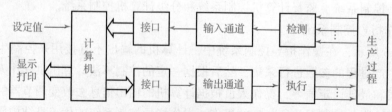

图5-8 直接数字控制DDC系统结构

图5-9所示为液体混合控制系统，PLC控制阀门A和阀门B的打开及关闭，当液体混合水箱中达到位置SA2时，PLC收入端收到SA2传感器信号，通过PLC内部程序，输出端导致阀门B关闭，物料A和物料B停止流入。

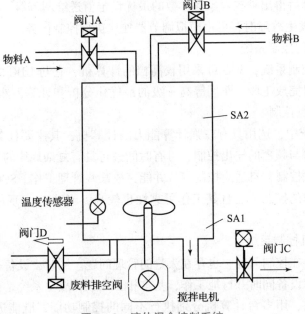

图 5 - 9 液体混合控制系统

（3）监督计算机控制系统（SCC）

在监督计算机控制（Supervisory Computer Control）系统中计算机根据工艺参数和过程参量检测值，按照所设计的控制算法进行计算，得到最佳设定值直接传送给常规模拟调节器或者 DDC 计算机，最后由模拟调节器或 DDC 计算机控制生产过程。SCC 系统有两种类型；一种是 SCC + 模拟调节器；另一种是 SCC + DDC 控制系统。监督计算机控制系统构成示意如图 5 - 10 所示。

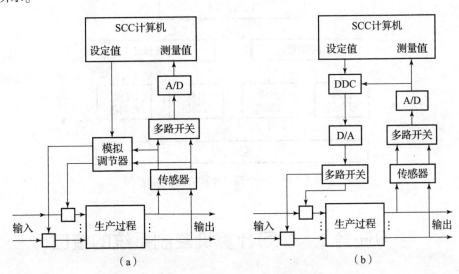

图 5 - 10 监督计算机控制系统构成示意

（a）SCC + 模拟调节器控制系统；（b）SCC + DDC 系统

1）SCC + 模拟调节器的控制系统

在这种类型的系统中，计算机对各过程变量进行巡回检测，并按一定的数学模型对生产工况进行分析、计算后得出被控对象各参数的最优设定值送给调节器，使工况保持在最优状态。当 SCC 计算机发生故障时，可由模拟调节器独立执行控制任务。

2）SCC + DDC 的控制系统

这是一种二级控制系统，SCC 可采用较高档的计算机，它与 DDC 之间通过接口进行信息交换。SCC 计算机完成工段、车间等高一级的最优化分析和计算，然后给出最优设定值，送给 DDC 计算机执行控制。

通常在 SCC 系统中，选用具有较强计算能力的计算机，其主要任务是输入采样和计算设定值。由于它不参与频繁的输出控制，可有时间进行具有复杂规律的控制算式的计算。因此，SCC 能进行最优控制、自适应控制等，并能完成某些管理工作。SCC 系统的优点是不仅可进行复杂控制规律的控制，而且其工作可靠性也较高，当 SCC 出现故障时，下级仍可继续执行控制任务。

（4）分级计算机控制系统

生产过程中既存在控制问题，也存在大量的管理问题。同时，设备一般分布在不同的区域，其中各工序，各设备同时并行地工作，基本相互独立，故全系统是比较复杂的。这种系统的特点是功能分散，用多台计算机分别执行不同的控制功能，既能进行控制又能实现管理。图 5 - 11 是一个四级计算机控制系统，其中过程控制级为最底层，对生产设备进行直接数字控制；车间管理级负责本车间各设备间的协调管理；工厂管理级负责全厂各车间生产协调，包括安排生产计划、备品备件等；企业（公司）管理级负责总的协调，安排总生产计划，进行企业（公司）经营方向的决策等。

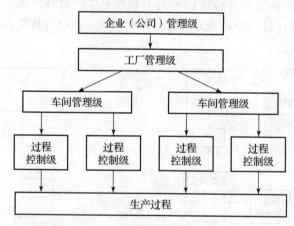

图 5 - 11　一个四级计算机控制系统

学习任务 2　学习计算机控制系统的接口

图 5 - 12 是一种以 MCS 51 单片机为主控器，以 ADC0809 为核心，以气压、油压、温度、霍尔元件等传感器为主要外围元件的车用数字仪表（VDI）系统组成框图。该汽车仪表系统具有显示直观、准确，使用方便、可靠等优点。

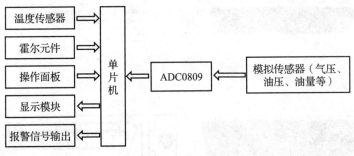

图 5 - 12 　车用数字仪表系统组成框图

从图 5 - 12 中可以看出，源自气压、油压等模拟传感器信号要传入计算机，必须经过一个代号为 ADC0809 的模/数接口才可以实现。这个 ADC0809 就是计算机接口的一种。

接口就是用于完成计算机主机系统与外部设备之间，不同制式、不同类型的信息交换的设备。接口有通用和专用之分，根据外部信息的不同，所采用的接口方式也不同，一般可分为以下几种。

①人机通道及接口技术，一般包括键盘接口技术、显示接口技术、打印接口技术、软磁盘接口技术等。

②检测通道及接口技术，一般包括 A/D 转换接口技术、V/F 转换接口技术等。

③控制通道及接口技术，一般包括 F/V 转换接口技术、D/A 转换接口技术、光电隔离接口技术、开关接口技术等。

系统间通道及接口技术一般包括公用 RAM 区接口技术、串行口技术等。

机电一体化系统对接口的要求是：能够输入有关的状态信息，并能够可靠地传送相应的控制信息；能够进行信息转换，以满足系统对输入与输出的要求；具有较强的阻断干扰信号的能力，以提高系统工作的可靠性。

1. 并行、串行 I/O 接口

所谓 I/O 接口也就是输入/输出接口。根据信号传输方式的不同，I/O 接口一般可分为并行接口和串行接口两种方式。

（1）并行接口

并行接口中各位数据都是并行传送的，它通常是以八位字节或十六位字节为单位进行数据传输的，指采用并行传输方式来传输数据的接口标准。从最简单的一个并行数据寄存器或专用接口集成电路芯片如 8255、6820 等，直至较复杂的 SCSI 或 IDE 并行接口，种类有数十种。通常所说的并行接口一般称为 Centronics 接口，也称为 IEEE1284 标准。

由于数据并行传输，所以，相比串行接口，传输速度快，比较适合短距离、高速数据传输的场合，实现更高速的双向通信。例如，连接磁盘机、磁带机、光盘机、网络设备等计算机外部设备。当传输距离较远、位数又多时，并行接口会导致通信线路复杂且成本提高。

图 5 - 13 所示为各类并行接口及并行电缆，传输的是数字量和开关量。

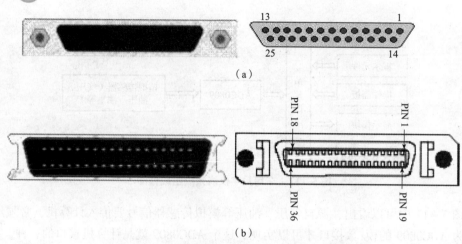

（a）

（b）

（c）

图 5-13　各类并行接口及并行电缆

（a）25PIN 并行接口；（b）36PIN 并行接口；（c）并行电缆

（2）串行接口

串行接口是指数据一位位地顺序传送，其特点是通信线路简单，只要一对传输线就可以实现双向通信，并可以利用电话线，从而大大降低了成本，特别适用远距离通信，但传送速度较慢。

一条信息的各位数据被逐位按顺序传送的通信方式称为串行通信。串行通信的特点是：数据位传送，按位顺序进行，最少只需一根传输线即可完成；成本低但传送速度慢。串行通信的距离可以从几米到几千米；根据信息的传送方向，串行通信可以进一步分为单工、半双工和全双工 3 种。

串行接口按电气标准及协议来分包括 RS-232-C、RS-422、RS-485 等。其中，RS-422 与 RS-485 标准只对接口的电气特性做出规定，不涉及接插件、电缆或协议。

图 5-14 所示为 RS-232 接口。

图 5-14　RS-232 接口

2. 数/模（D/A）转换和模/数（A/D）转换接口

（1）数/模（D/A）转换器

D/A 转换器是指将数字量转换成模拟量的电路，其主要作用是将计算机需要输出的数字量转换成电压，以便再转换成适合外围设备的模拟物理量。它由权电阻网络、参考电压、电子开关等组成。图 5 – 15 所示为 DAC0832 D/A 转换器的电路框图。

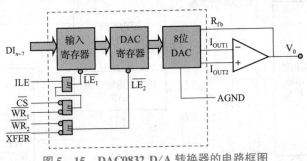

图 5 – 15　DAC0832 D/A 转换器的电路框图

如图 5 – 16 所示，三菱 FX3U PLC 中的 FX3U – 3A – ADP 模块可以进行 D/A 转换，如自来水供水系统中要根据用户水压，D/A 模块将外部压力传感器测得的压力经内部计算后转换成模拟量电压后传送给变频器，变频器控制的供水泵进行不同频率段的工作，从而有效供水。

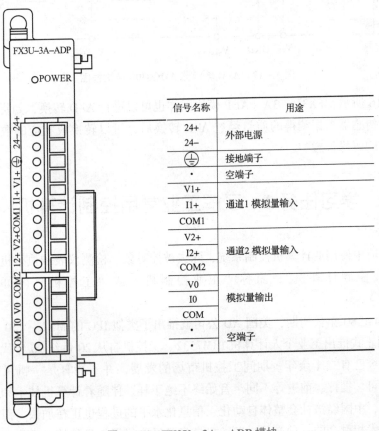

图 5 – 16　FX3U – 3A – ADP 模块

（2）模/数（A/D）转换接口

模/数 A/D 转换器是将外围设备转换的模拟电压，转换成数字量的器件，它的实现方法有多种，常用的有逐次逼近法、双积分法。图 5-17 所示为 A/D 转换器 ADC0809 结构框图。

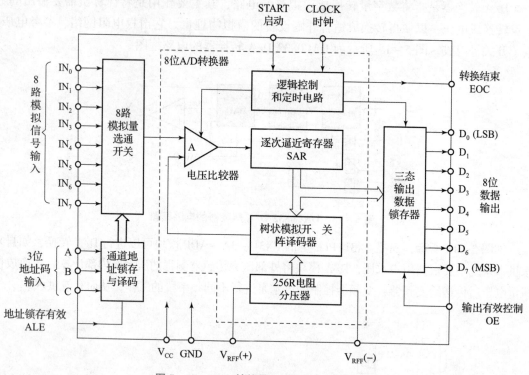

图 5-17　A/D 转换器 ADC0809 结构框图

如图 5-16 所示，FX3U-3A-ADP 模块同样也可以进行 A/D 转换，如货物码垛传输过程中，称重台传感器根据测得的质量经过 A/D 转换后，可以转换成相应的数字量，从而将货物运到对应的码垛位置。

学习任务3　了解工业常用控制计算机

在工业环境中使用的计算机控制系统，除去被控对象、检测仪表和执行机构外，其余部分称做"工业控制计算机"，简称"工业控制机"或"工控机"（Industrial Personal Computer，IPC）。

早在 20 世纪 80 年代初期，美国 AD 公司就推出了类似 IPC 的 MAC-150 工控机，随后美国 IBM 公司正式推出工业个人计算机 IBM7532。工控机自从 20 世纪 90 年代进入中国大陆市场以来，至今已有二十余年。期间工控机市场的发展，并不能算是一帆风顺，开拓、尝试、接受、认可、批评、前进等不同声音始终不绝于耳。伴随着计算机技术和自动化技术日新月异的发展，中国经济社会整体自动化、信息化水平的进程也正在加快。而作为计算机技术和自动化技术相融合的一种产品，工控机自身已经取得了长足的技术进步。

工控机是一种加固的增强型个人计算机，它可以作为一个工业控制器在工业环境中可靠的运行，是一种采用总线结构，对生产过程及机电设备、工艺装备进行检测与控制的设备总称。其组成包括计算机过程输入、输出通道两部分，具有重要的计算机属性和特征，如具有计算机 CPU、硬盘、内存、外设及接口、并有实时的操作系统、控制网络和协议、计算能力，友好的人机界面等。

1. 常用工控机简介

目前工控机的主要类别有：PC 总线工业电脑、可编程逻辑控制器（PLC）、单片微型计算机及嵌入式系统、分散型控制系统（DCS）、现场总线系统（FCS）5 种。

（1）PC 总线工业电脑

据 2000 年 IPC 统计，目前工控机已占到通用计算机的 95% 以上，因其价格低、质量高、产量大、软/硬件资源丰富，已被广大的技术人员所熟悉和认可，这正是工业电脑热的基础。

如图 5-18 所示，工控机主要的组成部分为工业机箱、无源底板及可插入其上的各种板卡组成，如 CPU 卡、I/O 卡等。并采取全钢机壳、机卡压条过滤网，双正压风扇等设计及 EMC（Electromagnetic Compatibility）技术以解决工业现场的电磁干扰、震动、灰尘、高/低温等问题。

图 5-18 工控机外形图

IPC 有以下特点：

①高可靠性：可在粉尘、烟雾、高/低温、潮湿、震动、腐蚀条件下工作具有快速诊断和可维护性，其 MTTR（Mean Time to Repair）一般为 5 min，MTTF 100 000 h 以上，而普通 PC 的 MTTF 仅为 10 000～15 000 h。

②实时性好：对工业生产过程进行实时在线检测与控制，对工作状况的变化给予快速响应，及时进行采集和输出调节（看门狗功能是普通 PC 所不具有的），遇险自复位，保证系统的正常运行。

③易扩充性：采用底板 + CPU 卡结构，因而具有很强的输入/输出功能，最多可扩充 20 个板卡，能与工业现场的各种外设、板卡、控制器、视频监控系统、车辆检测仪等相连，以完成各种任务。

④兼容性优。能同时利用 ISA 与 PCI 及 PICMG 资源，并支持各种操作系统，多种语言汇编，多任务操作系统。

（2）可编程序逻辑控制器（PLC）

可编程序逻辑控制器简称 PLC（Programmable Logic Controller），是一

PLC 控制原理图

111

种数字运算操作的电子系统，专为工业环境应用而设计的。它采用一类可编程的存储器，用于其内部存储程序，执行逻辑运算、顺序控制、定时、计数与算术操作等面向用户的指令，并通过数字或模拟式输入/输出控制各种类型的自动控制系统。PLC 自 20 世纪 60 年代由美国推出以取代传统继电器控制装置以来，得到了快速发展，在工业控制领域得到了广泛应用。图 5-19 所示为两种不同的 PLC 实物图。

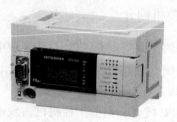

图 5-19　两种不同的 PLC 实物图

图 5-20 所示为 PLC 应用于逻辑控制的简单例子。输入信号是由按钮开关、限位开关、传感器等提供的各种开关量或模拟量信号，通过接口端进入 PLC，经 PLC 处理后，产生输出信号，通过输出端接口，控制接触器线圈、继电器线圈、指示灯、电磁阀等外部执行器工作。

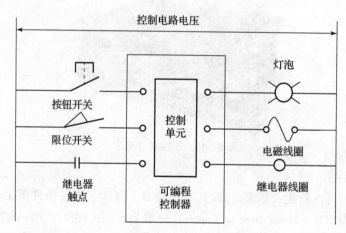

图 5-20　PLC 的逻辑控制工作电路

PLC 具有以下特点：

①工作可靠：由于输入/输出采用了光电耦合技术，因此，具有很强的抗干扰能力，适用于工业现场控制。

②可与工业现场信号直接连接。

③积木式组合：尤其是模块式 PLC，除了电源模块和 CPU 模块之外，其他模块可以根据需要变化和增减，运用起来十分方便。

④编程操作容易：由于 PLC 采用的是脱胎于继电控制系统的梯形图编程，因此，只要具备常规的控制电路分析能力，在逻辑上就很容易掌握 PLC 的编程方式。

⑤易于安装及维修。

（3）单片微型计算机及嵌入式系统

单片微型计算机是将 CPU、RAM、ROM、定时/计数、多功能 I/O（并行、串行、A/D）、通信控制器，甚至图形控制器、高级语言、操作系统等都集成在一块大规模集成电路芯片上。

在单片机的技术基础上，将计算机控制系统直接"嵌入"系统控制板的嵌入式系统目前也是大行其道。

嵌入式系统的定义为：以应用为中心、以计算机技术为基础、软件硬件可裁剪、适合应用系统对功能、可靠性、成本、体积、功耗严格要求的专用计算机系统，如图 5-21 所示。

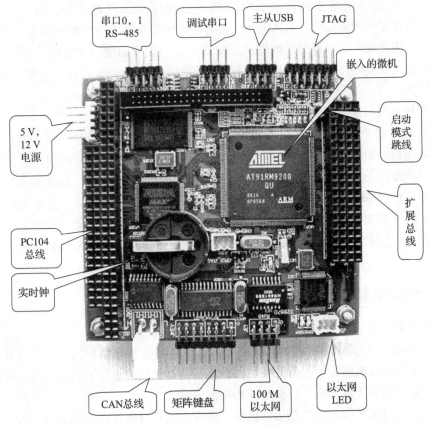

图 5-21　嵌入式计算机系统

嵌入式系统涵盖了硬件和软件两个层面，它是建立在一个高性能的微处理器（相对单片机）的硬件基础上的，并以一个成熟的实时多任务操作系统（RTOS）为软件平台。

嵌入式系统软硬件是可裁减的，并具有软硬件一体化、低功耗、体积小、可靠性高、技术密集等特点。

一个典型的嵌入式系统由几个组成部分：硬件平台、板级支持包（BSP，Board Support Package）、实时操作系统（RTOS，Real Time Operating System）、应用程序。

硬件平台主要包括嵌入式微处理器和控制所需要的相关外设，微处理器是嵌入式系统的硬件核心。嵌入式操作系统是嵌入式系统的灵魂，它大大提高了嵌入式系统开发的效率，减少了系统开发的工作量，而且操作系统使得应用程序具有了较好的可移植性。可以依托嵌入式处理器和操作系统为软硬件平台设计专门的工业控制器，使它作为现场的控制装置安放到设备层当中。与传统采用的单片机控制方式相比，它具有处理能力强大、便于系统集成开发等优点；同时其软硬件可剪裁，因此与PLC相比具有更紧凑的结构和更低的价格。而且，嵌入式控制器上可嵌入各种通信接口，所以比PLC具有更强的系统适应性。此外，嵌入式控制器可以具有大容量的数据存储和LCD、触摸屏接口，因此也可作为控制层的工作站，集中管理现场的各个控制节点。

（4）分散型控制系统（DCS）

分散型控制系统（Distributed Control System，DCS）是一种高性能、高质量、低成本、配置灵活的分散控制系统系列产品，可以构成各种独立的控制系统、分散型控制系统（DCS）、监控和数据采集系统（SCADA），能满足各种工业领域对过程控制和信息管理的需求。系统的模块化设计、合理的软硬件功能配置和易于扩展的能力使其能广泛用于各种大、中、小型电站的分散型控制、发电厂自动化系统的改造以及钢铁、石化、造纸、水泥等工业生产过程控制。

（5）现场总线控制系统（FCS）

现场总线控制系统（Fieldbus Control System，FCS）是全数字串行、双向通信系统。系统内测量和控制设备如探头、激励器和控制器可相互连接、监测和控制。在工厂网络的分级中，它既作为过程控制（如PLC，LC等）和应用智能仪表（如变频器、阀门、条码阅读器等）的局部网，又具有在网络上分布控制应用的内嵌功能。由于其广阔的应用前景，众多国外有实力的厂家竞相投入力量，进行产品开发。目前，国际上已知的现场总线类型有40余种，比较典型的现场总线有：FF，Profibus，LONworks，CAN，HART，CC-LINK等。

2. 工业控制计算机的总线

（1）什么是总线

总线（Bus）是计算机各种功能部件之间传送信息的公共通信干线，它是由导线组成的传输线束，按照计算机所传输的信息种类，计算机的总线可以划分为数据总线、地址总线和控制总线，分别用来传输数据、数据地址和控制信号。

总线是一种内部结构，它是CPU、内存、输入、输出设备传递信息的公用通道，主机的各个部件通过总线相连接，外部设备通过相应的接口电路再与总线相连接，从而形成了计算机硬件系统。微型计算机是以总线结构来连接各个功能部件的。

总线是一类信号线的集合，是模块间传输信息的公共通道，通过它，计算机各部件间可进行各种数据和命令的传送。为使不同供应商的产品间能够互换，给用户更多的选择，总线的技术规范要标准化。

总线的标准制定要经周密考虑，要有严格的规定。总线标准（技术规范）包括以下几部分。

①机械结构规范：模块尺寸、总线插头、总线接插件以及安装尺寸均有统一规定。

②功能规范：总线每条信号线（引脚的名称）、功能以及工作过程要有统一规定。

③电气规范：总线每条信号线的有效电平、动态转换时间、负载能力等。

下面，就以 STD 总线为例，简述工业控制总线的结构。

（2）STD 总线简述

工业控制的总线协议种类很多，如 ISA，EISA，PCI，STD，CAN 等，分别适用不同的控制要求和计算机。其中，STD 总线是一个通用工业控制的八位微型机总线，它定义了八位微处理器总线标准，可容纳各种八位通用微处理器。

STD 总线最早是在 1978 年由 Pro - Log 公司作为工业标准发明的，由 STDGM 制定为 STD80 规范，随后被批准为国际标准 IEEE961。STD80/MPX 作为 STD80 追加标准，支持多主（Multi - Master）系统。STD 总线工控机是工业型计算机，STD 总线的十六位总线性能满足嵌入式和实时性应用要求，特别是它的小板尺寸、垂直放置无源背板的直插式结构、丰富的工业 I/O 模板、低成本、低功耗、扩展的温度范围、可靠性和良好的可维护性设计，使其在空间和功耗受到严格限制的、可靠性要求较高的工业自动化领域得到了广泛应用。

STD 总线的主要技术特点如下：

①小板结构，高度的模板化；

②严格的标准化，广泛的兼容性；

③面向 I/O 的设计，适合工业控制应用；

④高可靠性。

STD 总线工业控制机的主要功能模板：

①人—机接口模板；

②输入—输出接口模板；

③串行通信接口和工业局域网络功能模板。

（3）总线式工业控制机

总线式工业控制机即依赖某种标准总线，按工业化标准设计，包括主机在内的各种 I/O 接口功能模板而组成的计算机，如图 5 - 22 所示。

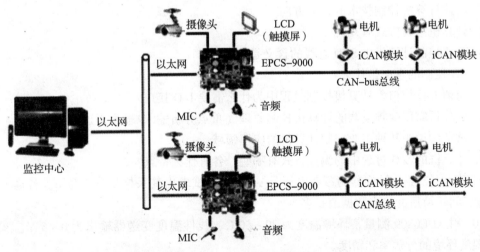

图 5 - 22　总线式工业控制机

（4）现场总线控制系统

现场总线控制系统（Field Bus Control System，FCS）是 20 世纪 90 年代兴起的迅速得以应用的新型计算机控制系统，已广泛应用在工业生产过程自动化领域，现场总线控制系统是利用现场总线将各智能现场设备，各级计算机和自动化设备互联，形成了一个数字式全分散双向串行传输，多分支结构和多点通信的通信网络。现场总线控制结构如图5-23所示。

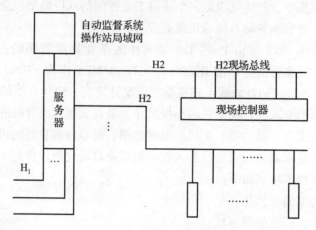

图5-23 现场总线控制结构

另外，目前流行的计算机集成制造系统（Computer Integrated Manufacturing Systems，CIMS），其概念是在20世纪70年代由美国学者哈林顿博士提出，随着计算机和信息技术的发展最终得以实施。尽管目前CIMS工程在企业的推广存在许多困难，但是它确实是企业真正走向现代化的方向。

任 务 训 练

1. 简述计算机控制技术的发展方向。

2. 计算机接口方式有几种？

3. 工业控制计算机中STD总线的含义是什么？

4. PID控制的含义是什么？

5. 何谓I/O接口？计算机控制过程中为什么需要I/O接口？

6. 试分析家用变频空调的计算机控制原理（重点分析输入/输出通道）。

7. 试举例说明几种工业控制计算机的应用领域。

8. 计算机的I/O过程中的编址方式有哪些？各有什么特点？

9. 若12位A/D转换器的参考电压是±2.5 V，试求出其采样量化单位q。若输入信号为1 V，问转换后的输出数据值是多少？

10. 用ADC0809测量某环境温度为30～50℃，线性温度变送器输出为0～5 V，试求测量该温度环境的分辨率和精度。

11. 中断和查询是计算机控制中的主要I/O方式，试论述其优、缺点。

12. 计算机的输入/输出通道中通常设置有缓冲器，请问该通道中的缓冲器通常起到哪些作用？

学 习 评 价

课题学习评价表

序号	主要内容	考核要求	配分	得分
1	计算机控制系统	1. 能准确表述计算机控制系统的组成及各部分的作用； 2. 可以回答计算机控制系统的类型； 3. 可以从功能角度说出两种类型的计算机软件； 4. 应流利讲述四类控制系统中计算机的应用方式； 5. 能粗略说出计算机控制系统的发展方向	45	
2	控制系统的接口技术	1. 能回答计算机接口的分类及应用场合； 2. 完整陈述常用接口方式的原理及工作过程； 3. 可以简答串口、并口的异同和优缺点； 4. 能辨识 A/D 和 D/A 接口	30	
3	工业控制计算机	1. 能识记工业控制计算机系统硬件组成的一般形式； 2. 可以回答出工业控制计算机分类； 3. 熟练讲述工业控制计算机中STD总线的含义、技术特点； 4. 基本能回答可编程序控制器、单片机、嵌入式系统、现场总线等的工作原理、选择以及应用	25	
备注			自评得分	

课题6　学习可靠性和抗干扰技术

本课题学习思维导图

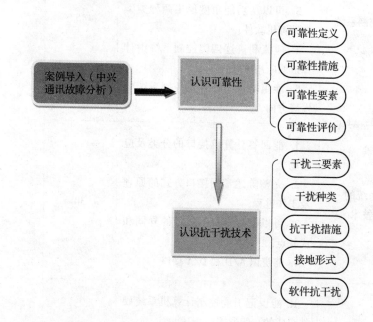

知识目标：了解干扰源的种类以及掌握对应的防护措施；了解电磁干扰的种类、传播途径及对应的防护措施；熟知提高系统可靠性的途径和方法；掌握抗电磁干扰的屏蔽技术、接地技术、电源滤波技术、耦合技术及其抑制方法。

能力目标：培养学生理论分析及理论联系实际的能力；在未来的工作中会使用相应的抗干扰技术以及基本应用电路。

素质目标：学会分析、研判工作过程中的安全因素，了解安全事故产生的原因；学会分析和解决电磁等干扰因素；用工匠标准要求提高产品可靠性，培养爱岗敬业、精益专注的工匠精神。

案例导入

中兴通讯故障分析

2004 年 11 月 29 日，在中兴通讯公司培训研讨会上，广西南宁地区的工作人员反映，当地部分远端通信站机房遭雷击，问题十分严重，培训研讨会要求公司专家对出事地区通信站情况进行现场调研，以便制订整改方案。

2004年12月13—15日，中兴通讯公司质量战略工作组可靠性总监和质量经理一道，在当地相关工程人员的协助下，对南宁铁通分公司、防城港电信分公司、东兴市电信局的十多个通信局（站）的工程防雷接地情况进行了现场调研，发现了这些局（站）在接地防雷设计和工程方面的一些问题，并提出了整改意见。

调查人员首先到广西防城港电信分公司东兴市电信局江平镇黄竹站调研。自2003年6月开通以来，该站因雷击导致用户板等设备损坏、返修的情况非常严重。经测试，该站接地桩的接地电阻为3 Ω。

经现场考察，调查人员认为，该站并非处于独立高点，遭受直击雷的可能性不大，但电源线和用户线均为农电，由架空明线引入，雷击很可能由电源线或用户线引入。

经过检查，调查人员发现，黄竹站的接地防雷网络有以下问题。

（1）地线与地桩的连接方式不符合要求。

相关标准要求地线的连接以焊接为好，至少要通过接地汇流排转接，每个转接孔只能接一根地线，而且要通过线鼻子或铜垫片压紧。禁止多股地线绞在一起与地桩压接。主要目的是减少地线上的阻抗，抑制地电位反弹。图6-1所示的接地连接方式显然是不合要求的。

（2）地线的粗细不规范，泄放大电流的地线反而较细。

40 kA避雷器的泄放地线只有4 mm（如图6-2所示的细线截面积，下同），不能有效泄放雷击电流，从而使避雷器效果变差，甚至被打坏，这证明确有雷击信号从电源线进入。调查人员建议，将该地线改为25 mm以上。

图6-1 接地连接方式不符合要求

图6-2 地线的粗细不规范

另外，配线架的地线也较细，如图6-1中的细黑线，约12 mm，泄放雷击电流时会在线上产生较大的电位差（与线长有关，该地线线长大于6 m）。

（3）接地网络不符合均压等电位原则

黄竹站的设备接地网络如图6-3所示，这是一种典型的星型连接，配线架、ONU（光节点）、SDH（同步数字光端机）三台设备各自分别接地。由于三根地线长短粗细和泄放电流大小不一，所以当泄放雷击电流时，设备外壳地A、B、C三点的电位相差很大。当用户线上的雷击进入配线架时，配线架保安单元泄放电流，地线 AD 上会产生数千伏的浪涌电压，而 B 点、C 点和 D 点的电位仍然为 0 V。正是 AD 线上的数千伏电压加上配线架保安器的残压施加在用户板的入口，导致用户板损坏，这就是地电位反弹。

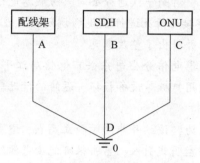

图 6-3　接地网络不符合均压等电位原则

为此，调查人员认为，整改方案是：将地线与接地桩的连接改为汇流排连接；将 40 kA 避雷器的地线改为 25 mm 以上；将 ONU 和 SDH 的地线用 25 mm 以上的短线先连到配线架，再通过 45 mm 以上的地线连接到接地桩。

对其他地区检查发现存在同样的问题，检查人员逐一进行了整改。经长时间的运转后情况正常。显然这是一起典型的因接地技术干扰引起的机电系统可靠性故障。

避雷器

由上述案例可见，机电一体化系统及产品要能正常地发挥其功能必须稳定、可靠地工作。可靠性（reliability）是系统和产品的主要属性之一，是考虑到时间因素的产品质量，对于提高系统的有效性、降低寿命期费用和防止产品发生故障（failure）具有重要意义。

干扰（interference）问题是机电一体化系统设计和使用过程中必须考虑的重要问题。在机电一体化系统的工作环境中，存在大量的电磁信号，如电网的波动、强电设备的启停、高压设备和开关的电磁辐射等，当它们在系统中产生电磁感应和干扰冲击时，往往就会扰乱系统的正常运行，轻者造成系统的不稳定，降低了系统的精度；重者会引起控制系统死机或误动作，造成设备损坏或人身伤亡。

抗干扰技术就是研究干扰的产生根源、干扰的传播方式和避免被干扰的措施（对抗）等问题。机电一体化系统的设计中，既要避免被外界干扰，也要考虑系统自身的内部相互干扰，同时还要防止对环境的干扰污染。我国国家标准中规定了电子产品的电磁辐射（Electromagnetic Radiations）参数指标。

学习任务 1　认识可靠性

1. 什么是可靠性

一般所说的"可靠性"指的是"可信赖的"或"可信任的"。对产品而言，可靠性越高就越好。可靠性高的产品，可以长时间正常工作（这正是所有消费者需要得到的）；从专业术语上来说，就是产品的可靠性越高，产品可以无故障工作的时间就越长。

为了对产品可靠性做出具体和定量的判断，可将产品可靠性定义为在规定的条件下和规定的时间内，元器件（产品）、设备或者系统稳定完成功能的程度或性质。

因此，可靠性是指产品在规定的条件下和规定的时间内完成规定功能的能力。

产品可靠性定义的要素是三个"规定"："规定条件""规定时间"和"规定功能"。

（1）规定条件

"规定条件"包括使用时的环境条件和工作条件，如同一型号的汽车在高速公路和在崎岖的山路上行驶，其可靠性的表现就不大一样，要谈论产品的可靠性必须指明规定的条件是什么。

（2）规定时间

"规定时间"是指产品规定了任务时间。随着产品任务时间的增加，产品出现故障的概率将增加，而产品的可靠性将是下降的。因此，谈论产品的可靠性离不开规定的任务时间。例如，一辆汽车刚刚开出厂子，和用了五年后相比，它出故障的概率显然小了很多。

（3）规定功能

"规定功能"是指产品规定了必须具备的功能及其技术指标。所要求产品功能的多少和其技术指标的高低，直接影响到产品可靠性指标的高低。例如，电风扇的主要功能有转叶、摇头、定时，那么规定的功能是两者都要，还是仅需要转叶能转、能够吹风，所得出的可靠性指标是大不一样的。

产品在设计、应用过程中，不断经受自身及外界环境气候及机械环境的影响，而仍需要能够正常工作，这就需要以试验设备对其进行验证，这个验证基本分为研发试验、试产试验、量产抽检三个部分。

产品实际使用的可靠性叫做工作可靠性。工作可靠性又可分为固有可靠性和使用可靠性。固有可靠性是产品设计制造者必须确立的可靠性，即按照可靠性规划，从原材料和零部件的选用，经过设计、制造、试验，直到产品出产的各个阶段所确立的可靠性。使用可靠性是指已生产的产品，经过包装、运输、储存、安装、使用、维修等因素影响的可靠性。

2. 增强可靠性的主要措施

机电设备的可靠性可用可靠度 R 来表示，即

$$R = R_1 \cdot R_2 \cdot R_3 \tag{6-1}$$

式中，R 为整个机电一体化设备的可靠度；R_1 为机械部件的可靠度；R_2 为电气部件的可靠度；R_3 为机电接口的可靠度。

由此可见，为了提高整个机电一体化设备的可靠性，必须对其各组成部分进行分析，提高各组成部分的可靠性，找出薄弱环节，改善设计方法，合理配置结构，必要时对重要部分可以采用冗余设计。

提高可靠性的措施有：对元器件加强筛选；使用容错法设计（使用冗余技术）；重要系统或器件备份；使用故障诊断技术等。

机电一体化设备的可靠性还可通过提高机械运行精度、提高部件的加工精度、提高系统的控制精度等来获得提高，如可采用精密机械改造传统机械，电路控制部分可用 PLC（可编程逻辑控制）代替传统的继电器接触控制，或采用先进的 NC（数字控制）、PC（计算机控制）代替传统控制方法等。

3. 可靠性要素

可靠性包含了耐久性、可维修性、设计可靠性三大要素。

（1）耐久性

产品使用无故障性或使用寿命长就是耐久性。例如，当空间探测卫星发射后，人们希望它能无故障地长时间工作，否则，它的存在就没有太多的意义了，但从某一个角度来说，任何产品不可能100%的不会发生故障。

（2）可维修性

当产品发生故障后，能够很快、很容易地通过维护或维修排除故障，这就是可维修性。像自行车、电脑等都是容易维修的，而且维修成本也不高，很快地能够排除故障，这些都是事后维护或者维修。而像飞机、汽车都是价格很高而且非常注重安全可靠性的要求，这一般通过日常的维护和保养来大大延长它的使用寿命，这是预防维修。产品的可维修性与产品的结构有很大的关系，即与设计可靠性有关。

（3）设计可靠性

这是决定产品质量的关键，由于人—机系统的复杂性，以及人在操作中可能存在的差错和操作使用环境的这种因素影响，发生错误的可能性依然存在，所以设计的时候必须充分考虑产品的易使用性和易操作性，这就是设计可靠性。一般来说，产品越容易操作，发生人为失误或其他问题造成的故障和安全问题的可能性就越小；从另一个角度来说，如果发生了故障或者安全性问题，采取必要的措施和预防措施就非常重要。例如，汽车发生了碰撞后，有气囊保护。

4. 可靠性评价

可靠性的评价可以使用概率指标或时间指标，这些指标有可靠度、失效率、平均无故障工作时间、平均失效前时间、有效度等。

典型的失效率变化曲线，形似浴盆，常称浴盆曲线（Bathtub Curve）。如图 6-4 所示，曲线分为三个阶段：早期失效区、偶然失效区、耗损失效区。早期失效区的失效率为递减形式，即新产品失效率很高，但经过磨合期，失效率会迅速下降。偶然失效区的失效率为一个平稳值，意味着产品进入了一个稳定的使用期。耗损失效区的失效率为递增形式，即产品进入老年期，失效率呈递增状态，产品需要更新。

5. 机电一体化系统电子装置可靠性

首先是电子产品的复杂程度在不断增加，可靠性的问题日显重要。有资料显示，机电一体化产品的可靠性问题，超过70%出在电子装备或系统上。电子设备复杂程度的显著标志是所需元器件数量的多少。而电子设备的可靠性取决于所用元器件的可靠性，因为电子设备

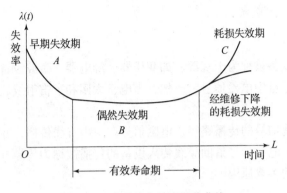

图 6 – 4 产品的失效率浴盆曲线

中的任何一个元器件、任何一个焊点发生故障都将导致系统发生故障。一般来说，电子设备所用的元器件数量越多，其可靠性问题就越严重，为保证设备或系统能可靠地工作，对元器件可靠性的要求就非常高、非常苛刻。

其次，电子设备的使用环境日益严酷，现已从实验室到野外，从热带到寒带，从陆地到深海，从高空到宇宙空间，经受着不同的环境条件，除温度、湿度影响外，海水、盐雾、冲击、振动、宇宙粒子、各种辐射等对电子元器件的影响，导致产品失效的可能性增大。

最后，电子设备的装置密度不断增加。从第一代电子管产品进入第二代晶体管，现已从小、中规模集成电路进入大规模和超大规模集成电路，电子产品正朝小型化、微型化方向发展，导致装置密度的不断增加，从而使内部温度增高，散热条件恶化。而电子元器件将随环境温度的增高，降低其可靠性，因而元器件的可靠性引起人们的极大重视。

可靠性已经被列为产品的重要质量指标加以考核和检验。产品的技术性能指标仅仅能够作为衡量产品质量好坏的标志之一，还不能反映产品质量的全貌。必须同时将可靠性指标一并列入质量指标才是完整的。如果产品不可靠，即使其技术性能再好也得不到发挥。从某种意义上说，可靠性可以综合反映产品的质量。

学习任务 2　认识抗干扰技术

干扰是指对系统的正常工作产生不良影响的内部或外部因素。

机电一体化系统的干扰因素包括电磁干扰、温度干扰、湿度干扰、声波干扰和振动干扰等。在众多干扰中，电磁干扰最为普遍，且对控制系统影响最大，而其他干扰因素往往可以通过一些物理方法较容易地解决。

电磁干扰是指在工作过程中受环境因素的影响，出现的一些与有用信号无关的，并且对系统性能或信号传输有害的电气变化现象。这些有害的电气变化现象使信号的数据发生瞬态变化，增大误差，出现假象，甚至使整个系统出现异常信号而引起故障。例如，传感器的导线受空中磁场影响产生的感应电势会大于测量的传感器输出信号，使系统判断失灵。

1. 形成干扰的三个要素

（1）干扰源

产生干扰信号的设备被称为干扰源，如变压器、继电器、微波设备、电机、无绳电话和高压电线等都可以产生空中电磁信号。当然，雷电、太阳和宇宙射线属于干扰源。

（2）传播途径

传播途径是指干扰信号的传播路径。电磁信号在空中直线传播，并具有穿透性，这种传播叫作辐射方式传播；电磁信号借助导线传入设备的传播被称为传导方式传播。传播途径是干扰扩散和无所不在的主要原因。

（3）接收载体

接收载体是指受影响的设备的某个环节，该环节吸收了干扰信号，并转化为对系统造成影响的电器参数。接收载体不能感应干扰信号或弱化干扰信号使其不被干扰影响就提高了抗干扰的能力。接收载体的接收过程又称为耦合，耦合分为两类，即传导耦合和辐射耦合。传导耦合是指电磁能量以电压或电流的形式通过金属导线或集总元件（如电容器、变压器等）耦合至接收载体。辐射耦合指电磁干扰能量通过空间以电磁场形式耦合至接收载体。

从干扰的定义可以看出，信号之所以为干扰是因为它对系统造成了不良影响，反之，不能称其为干扰。从形成干扰的要素可知，消除三个要素中的任何一个，都会避免干扰。抗干扰技术就是针对这三个要素的研究和处理。

2. 电磁干扰的种类

按干扰的耦合模式分类，电磁干扰分为以下五种类型。

（1）静电干扰

大量物体表面都有静电电荷的存在，特别是含电气控制的设备，静电电荷会在系统中形成静电电场。静电电场会引起电路的电位发生变化；会通过电容耦合产生干扰。静电干扰还包括电路周围物件上积聚的电荷对电路的泄放，大载流导体（输电线路）产生的电场通过寄生电容对机电一体化装置传输的耦合干扰等。

（2）磁场耦合干扰

大电流周围磁场对机电一体化设备回路耦合形成干扰。动力线、电动机、发电机、电源变压器和继电器等都会产生这种磁场。产生磁场干扰的设备往往同时伴随着电场的干扰，因此又统一称为电磁干扰。

（3）漏电耦合干扰

漏电耦合干扰是因绝缘电阻降低而由漏电流引起的干扰，多发生于工作条件比较恶劣的环境或器件性能退化、器件本身老化的情况下。

（4）共阻抗干扰

共阻抗干扰是指电路各部分公共导线阻抗、地阻抗和电源内阻压降相互耦合形成的干扰，这是机电一体化系统普遍存在的一种干扰。

如图 6-5 所示的串联接地方式，由于接地电阻的存在，三个电路的接地电位明显不同。当 I_1（或 I_2、I_3）发生变化时，A、B、C 点的电位随之发生变化，导致各电路的不稳定。

如图 6-6 所示的串联一点接地共阻方式，由于共有一根接地线，当接地点、接地方式选择不当，导致接地电阻较大，加上 I_1、I_2、I_3 电流变化较大时，同样会导致 A、B、C 点电位的不相等，产生接地干扰。

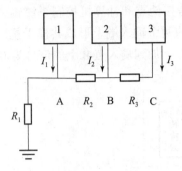

图 6-5　串联接地方式

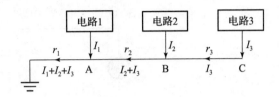

图 6-6　串联一点接地共阻方式

（5）电磁辐射干扰

由各种大功率高频、中频发生装置，各种电火花以及电台、电视台等产生的高频电磁波向周围空间辐射，形成电磁辐射干扰。雷电和宇宙空间也会有电磁波干扰信号。

3. 干扰存在的形式

在电路中，干扰信号通常以串模干扰和共模干扰形式与有用信号一同传输。

（1）串模干扰

串模干扰是叠加在被测信号上的干扰信号，也称横向干扰。产生串模干扰的原因有分布电容的静电耦合、长线传输的互感、空间电磁场引起的磁场耦合以及 50 Hz 的工频干扰等。

在机电一体化系统中，被测信号是直流（或变化比较缓慢的）信号，而干扰信号经常是一些杂乱的波形并含有尖峰脉冲，如图 6-7（c）所示。图 6-7 中，U_s 表示理想测试信号，U_c 表示实际传输信号，U_g 表示不规则干扰信号。干扰可能来自信号源内部，如图 6-7（a）所示，也可能来自导线的感应，如图 6-7（b）所示。

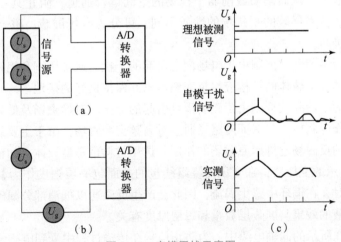

图 6-7　串模干扰示意图

（2）共模干扰

共模干扰往往是指同时加载在各个输入信号接口端的共有的信号干扰。图6-8所示的电路中，检测信号输入A/D转换器，A/D转换器的两个输入端上即存在公共的电压干扰。由于输入信号源与主机有较长的距离，输入信号U_s的参考接地点和计算机控制系统输入端参考接地点之间存在电位差U_{cm}。这个电位差就在转换器的两个输入端上形成共模干扰。以计算机接地点为参考点，加到输入点A上的信号为$U_s + U_{cm}$，加到输入点B上的信号为U_{cm}。

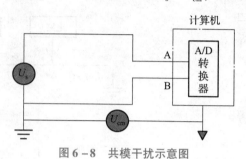

图6-8　共模干扰示意图

4. 一般抗干扰的措施

提高抗干扰的措施最理想的方法是抑制干扰源，使其不向外产生干扰或将干扰影响限制在允许的范围之内。由于车间现场干扰源的复杂性，要想对所有的干扰源都做到使其不向外产生干扰，几乎是不可能的，也是不现实的。另外，来自电网和外界环境的干扰，即机电一体化产品用户环境的干扰源也是无法避免的。因此，在产品开发和应用中，除了对一些重要的干扰源，主要是对被直接控制的对象上的一些干扰源进行抑制外，更多的则是在产品内设法抑制外来干扰的影响，以保证系统可靠地工作。

抑制干扰的措施很多，主要包括屏蔽、隔离、滤波、接地和软件处理等方法。

（1）屏蔽

屏蔽是指利用导电或导磁材料制成的盒状或壳状屏蔽体，将干扰源或干扰对象包围起来，从而割断或削弱干扰场的空间耦合通道，阻止其电磁能量的传输。按需屏蔽的干扰场的性质不同，可分为电场屏蔽、磁场屏蔽和电磁场屏蔽。

磁场屏蔽技术应用资源

电场屏蔽是为了消除或抑制由于电场耦合引起的干扰。通常用铜和铝等导电性能良好的金属材料作屏蔽体。屏蔽体的结构应尽量完整严密并保持良好的接地。

磁场屏蔽是为了消除或抑制由于磁场耦合引起的干扰。对静磁场及低频交变磁场，可用高磁导率的材料作屏蔽体，并保证磁路畅通。对高频交变磁场，由于主要靠屏蔽体壳体上感生的涡流所产生的反磁场起排斥原磁场的作用，选用材料也是良导体，如铜、铝等。

如图6-9所示的变压器，在变压器绕组线包的外面包一层铜皮作为漏磁短路环。当漏磁通穿过短路环时，在铜环中感生涡流，因此会产生反磁通以抵消部分漏磁通，使变压器外的磁通减弱。屏蔽的效果与屏蔽层数量和每层厚度有关。

在如图6-10所示的同轴电缆中，为防止信号在传输过程中受到电磁干扰，在电缆线中设置了屏蔽层。芯线电流产生的磁场被局限在外层导体和芯线之间的空间中，不会传播到同轴电缆以外的空间。而电缆外的磁场干扰信号在同轴电缆的芯线和外层导体中产生的干扰电势方向相同，使电流一个增大，一个减小而相互抵消，故总的电流增量为零。许多通信电缆还在外面包裹一层导体薄膜以提高屏蔽外界电磁干扰的能力。

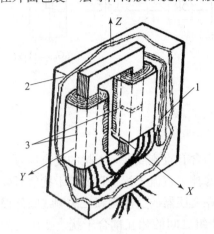

图 6-9　变压器的屏蔽

1—铜漏磁短路环；

2—导磁性（铁）屏蔽盒；3—空气隙

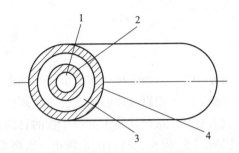

图 6-10　同轴电缆示意图

1—芯线；2—绝缘体；3—外层导线；4—绝缘外皮

（2）隔离

隔离是指把干扰源与接收系统隔离开来，使有用信号正常传输，而干扰耦合通道被切断，达到抑制干扰的目的。常见的隔离方法有光电隔离、变压器隔离和继电器隔离等方法。

1）光电隔离

光电隔离是以光作为媒介在隔离的两端之间进行信号传输的，所用的器件是光电耦合器。由于光电耦合器在传输信息时，不是将其输入/输出的电信号进行直接耦合，而是借助光作为媒介物进行耦合，具有较强的隔离和抗干扰能力。图 6-11（a）所示为一般光电耦合器组成的输入/输出线

光耦技术应用资源

路。在控制系统中，它既可以用作一般输入/输出的隔离，也可以代替脉冲变压器起线路隔离与脉冲放大作用。由于光电耦合器具有二极管、三极管的电气特性，使它能方便地组合成各种电路。又由于它靠光耦合传输信息，使它具有很强的抗电磁干扰的能力，从而在机电一体化产品中获得了极其广泛的应用。

由于光电耦合器具有二极管、三极管的电气特性，使它能方便地组合成各种电路；又由于它靠光耦合传输信息，使它具有很强的抗电磁干扰的能力，因而在机电一体化产品中获得了极其广泛的应用。

2）变压器隔离

对于交流信号的传输，一般使用变压器隔离干扰信号的办法。隔离变压器也是常用的隔离部件，用来阻断交流信号中的直流干扰和抑制低频干扰信号的强度，如图 6-11（b）所示的变压器耦合隔离电路。隔离变压器把各种模拟负载和数字信号源隔离开来，也就是把模拟地和数字地断开。传输信号通过变压器获得通路，而共模干扰由于不形成回路而被抑制。

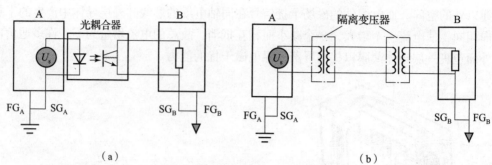

图6-11　光电隔离和变压器隔离原理
（a）光电隔离；（b）变压器隔离

图6-12所示为一种带多层屏蔽的隔离变压器。当含有直流或低频干扰的交流信号从一次侧端输入时，根据变压器原理，二次侧输出的信号滤掉了直流干扰，且低频干扰信号幅值也被大大衰减，从而达到了抑制干扰的目的。另外，在变压器的一次侧和二次侧线圈外设有静电隔离层 S_1 和 S_2，其目的是防止一次绕组和二次绕组之间的相互耦合干扰。变压器外的三层屏蔽密封体的内、外两层用铁，起磁屏蔽的作用；中间层用铜与铁芯相连并直接接地，起静电屏蔽作用。这三层屏蔽层是为了防止外界电磁场通过变压器对电路形成干扰而设置的，这种隔离变压器具有很强的抗干扰能力。

3）继电器隔离

继电器线圈和触点仅有机械上的联系，而没有直接的电的联系，因此可利用继电器线圈接收电信号，而利用其触点控制和传输电信号，从而可实现强电和弱电的隔离，如图6-13所示。同时，继电器触点较多，且其触点能承受较大的负载电流，因此应用非常广泛。

继电器技术资源

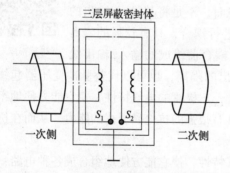

图6-12　一种带多层屏蔽的隔离变压器

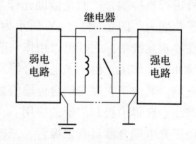

图6-13　继电器隔离

实际使用中，继电器隔离指适合于开关量信号的传输。系统控制中，常用弱电开关信号控制继电器线圈，使继电器触点闭合和断开。而对应于线圈的触点，则用于传递强电回路的某些信号。隔离用的继电器，主要是小型电磁继电器或干簧继电器。

（3）滤波

滤波是抑制干扰传导的一种重要方法。由于干扰源发出的电磁干扰的频谱往往比要接收的信号的频谱宽得多，因而当接收器接收有用信号时，也会接收到那些不希望有的干扰。这时，可以采用滤波的方法，只让所需的频率成分通过，而将干扰频率成分加以抑制。

常用滤波器根据其频率特性又可分为低通、高通、带通、带阻等滤波器。低通滤波器只让低频成分通过，而高于截止频率的成分则受抑制、衰减，不让通过。高通滤波器只通过高频成分，而低于截止频率的成分则受抑制、衰减，不让通过。带通滤波器只让某一频带范围内的频率成分通过，而低于下截止频率和高于上截止频率的成分均受抑制，不让通过。带阻滤波器只抑制某一频率范围内的频率成分，不让其通过，而低于下截止频率和高于上截止频率的频率成分则可通过。

在机电一体化系统中，常用低通滤波器抑制由交流电网侵入的高频干扰。图6－14所示为计算机电源采用的一种LC低通滤波器的接线图。含有瞬间高频干扰的220 V工频电源通过截止频率为50 Hz的滤波器，其高频信号被衰减，只有50 Hz的工频信号通过滤波器到达电源变压器，保证正常供电。

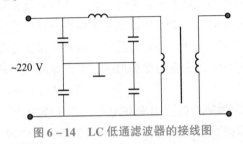

图6－14　LC低通滤波器的接线图

图6－15（a）所示为触点抖动抑制电路，对抑制各类触点或开关在闭合或断开瞬间因触点抖动所引起的干扰是十分有效的。图6－15（b）所示电路为交流信号抑制电路，主要用于抑制电感性负载在切断电源瞬间所产生的反电势。这种阻容吸收电路可以将电感线圈的磁场释放出来的能量转化为电容器电场的能量储存起来，以降低能量的消散速度。图6－15（c）所示电路为输入信号的阻容滤波电路，类似的这种线路既可作为直流电源的输入滤波器，也可作为模拟电路输入信号的阻容滤波器。

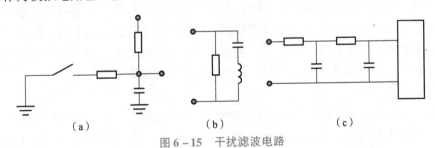

（a）　　　　　　　（b）　　　　　　　（c）

图6－15　干扰滤波电路

（a）触点抖动抑制电路；（b）交流信号抑制电路；（c）输入信号阻容滤波电路

图6－16所示为一种双T型带阻滤波器，可用来消除工频（电源）串模干扰。图中输入信号 U_1 经过两条通路送到输出端。当信号频率较低时，C_1、C_2 和 C_3 阻抗较大，信号主要通过 R_1、R_2 传送到输出端，当信号频率较高时，C_1、C_2 和 C_3 容抗很小，接近短路，所以信号主要通过 C_1、C_2 传送到输出端。只要参数选择得当，就可以使滤波器在某个中间频率 f_0 时，由 C_1、C_2 和 R_3 支路传送到输出端的信号 U_2'，与由 R_1、R_2 和 C_3 支路传送到输出端的信号 U_2'' 大小相等、相位相反，互相抵消，于是总输出为零。f_0 为双T型带阻滤波器的谐振频率。在参数设计时，使 $f_0 = 50$ Hz，双T型带阻滤波器就可滤除工频干扰信号。

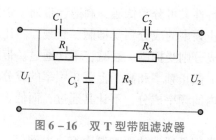

图 6-16　双 T 型带阻滤波器

5. 正确接地在抗干扰中的作用

接地的目的有两个，一个是为保护人身和设备安全，避免雷击、漏电、静电等危害。此类地线称为保护地线，应与真正的大地连接。另一个是为了保证设备的正常工作，如直流电源常需要有一极接地，作为参考零电位。信号传输也常需要有一根线接地，作为基准电位，传输信号的大小与该基准电位相比较。另外，对设备进行屏蔽时在很多情况下只有与接地相结合，才能具有应有的效果。因此接地系统又分为保护地线、工作地线、地环路和屏蔽接地 4 种。

（1）地的分类

工程师在设计电路时，为防止各种电路在电路正常工作中产生互相干扰，使之能相互兼容地有效工作。根据电路的性质，将电路中"零电位"——"地"分为不同的种类；按交直流分为直流地、交流地；按参考信号分为数字地（逻辑地）、模拟地；按功率分为信号地、功率地、电源地等；按与大地的连接方式分为系统地、机壳地（屏蔽地）、浮地。不同的接地方式在电路中应用、设计和考虑也不相同，应根据具体电路分别进行设置。

1）信号地

信号地（SG）是各种物理量的传感器和信号源零电位以及电路中信号的公共基准地线（相对零电位）。此处信号一般指模拟信号或者能量较弱的数字信号，易受电源波动或者外界因素的干扰，导致信号的信噪比（SNR）下降。特别是模拟信号，信号地的漂移，会导致信噪比下降；信号的测量值产生误差或者错误，可能导致系统设计的失败。因此，对信号地的要求较高，也需要在系统中特殊处理，避免和大功率的电源地、数字地以及易产生干扰的地线直接连接。尤其是微小信号的测量，信号地通常需要采取隔离技术。

2）模拟地

模拟地（AG）是系统中模拟电路零电位的公共基准地线。由于模拟电路既承担小信号的处理，又承担大信号的功率处理；既有低频的处理，又有高频处理；模拟量在能量、频率、时间等方面都有很大的差别，因此模拟电路既易接受干扰，又可能产生干扰。所以对模拟地的接地点选择和接地线的敷设更要充分考虑。为减小地线的导线电阻，应将电路中的模拟地和数字地分开。在 PCB 布线的时候，模拟地和数字地应尽量分开，最后通过电感滤波和隔离，汇接到一起。图 6-17 所示为模拟地和数字地。

3）数字地

数字地（DG）是系统中数字电路零电位的公共基准地线。由于数字电路工作在脉冲状态，特别是脉冲的前后沿

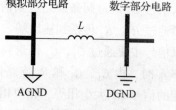

图 6-17　模拟地和数字地

较陡或频率较高时，会在电源系统中产生比较大的毛刺，易对模拟电路产生干扰。所以，对数字地的接地点选择和接地线的敷设也要给予充分考虑。在 PCB 布线的时候，模拟地和数字地应尽量分开，最后通过电感滤波和隔离，汇接到一起。

4）悬浮地

悬浮地（FG）是系统中部分电路的地与整个系统的地不直接连接，而是通过变压器耦合或者直接不连接，处于悬浮状态。该部分电路的电平是相对自己"地"的电位。常用在小信号的提取系统或者强电和弱电混合系统中。

其优点是该电路不受系统中电气和干扰的影响；缺点是该电路易受寄生电容的影响，而使该电路的地电位变动和增加对模拟电路的感应干扰。由于该电路的地与系统地没有连接，易产生静电积累而导致静电放电，可能造成静电击穿或强烈的干扰。因此，悬浮地的效果不仅取决于悬浮地绝缘电阻的大小，而且取决于悬浮地寄生电容的大小和信号的频率。

在图 6-18 所示的 VDD-SGND 电源供电系统中，所有工作点相对的地都是 SGND，但是 SGND 和 DGND 之间电平处于悬浮状态，VDD-SGND 的电源供电的系统与整个系统的连接完全通过变压器耦合，在这里设计的时候需要注意信号的连接方式。

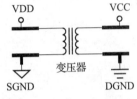

图 6-18　悬浮地变压器耦合

5）电源地

电源地是系统电源零电位的公共基准地线。由于电源往往同时供电给系统中的各个单元，而各个单元要求的供电性质和参数可能有很大差别，因此既要保证电源稳定可靠地工作，又要保证其他单元稳定可靠地工作。同时，电源系统功耗比大，在单层板或者双层板中地线的线宽必须加粗。若在多层板中，则应以一层或者多层作为系统的地平面。

6）功率地

功率地是负载电路或功率驱动电路的零电位的公共基准地线。由于负载电路或功率驱动电路的电流较强、电压较高，所以功率地线上的干扰较大，因此功率地必须与其他弱电地分别设置、分别布线，以保证整个系统稳定可靠地工作。

将电路、设备机壳等与作为零电位的一个公共参考点（大地）实现低阻抗的连接，称为接地。接地的目的有两个：一是为了安全，如把电子设备的机壳、机座等与大地相接，当设备中存在漏电时，不致影响人身安全，称为安全接地；二是为了给系统提供一个基准电位，如脉冲数字电路的零电位点等，或为了抑制干扰，如屏蔽接地等，称为工作接地。工作接地包括一点接地和多点接地两种方式。

（2）一点接地

图 6-6 所示为串联一点接地方式，由于地电阻 R_1，R_2 和 R_3 是串联的，所以各电路间相互发生干扰。虽然这种接地方式很不合理，但由于比较简单，用的地方仍然很多。当各电路的电平相差不大时还可勉强使用，但当各电路的电平相差很大时就不能使用，因为高电平将会产生很大的地电流并干扰到低电平电路中去。使用这种串联一点接地方式时还应注意把低电平的电路放在距接地点最近的地方，即图 6-6 中最接近地电位的 A 点上。

图 6-19 所示为并联一点接地方式。这种方式在低频时是最适用的，因为各电路的地电

位只与本电路的地电流和地线阻抗有关,不会因地电流而引起各电路间的耦合。这种方式的缺点是,需要连很多根地线,操作起来比较麻烦。

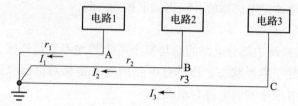

图6-19 并联一点接地方式

(3)多点接地

多点接地所需地线较多,一般适用于低频信号。若电路工作频率较高,电感分量大,各地线间的互感耦合会增加干扰。如图6-20所示,各接地点就近接于接地汇流排或底座、外壳等金属构件上。

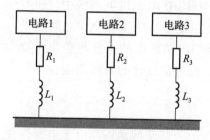

图6-20 多点接地

(4)地线的设计

机电一体化系统设计时要综合考虑各种地线的布局和接地方法。图6-21所示为一台数控机床的接地方法。

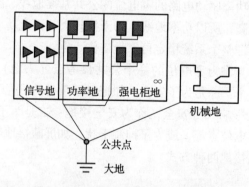

图6-21 一台数控机床的接地方法

从图6-21可以看出,接地系统形成三个通道:信号接地通道将所有小信号、逻辑电路的信号、灵敏度高的信号的接地点都接到信号地通道上;功率接地通道将所有大电流、大功率部件、晶闸管、继电器、指示灯、强电部分的接地点都接到这一地线上;机械接地通道将机柜、底座、面板、风扇外壳、电动机底座等机床接地点都接到这一地线上,此地线又称安全地线通道。将这三个通道接到总的公共接地点上,公共接地点与大地接触良好,一般要求接地电阻为 4~7 Ω。并且数控柜与强电柜之间有足够粗的保护接地电缆，如截面积为 5.5~14 mm² 的接地电缆。因此，这种地线接法有较强的抗干扰能力，能够保证数控机床的正常运行。

6. 软件抗干扰设计

（1）软件滤波

用软件来识别有用信号和干扰信号并滤除干扰信号的方法称为软件滤波。识别信号的原则有以下 3 种。

①时间原则：如果掌握了有用信号和干扰信号在时间上出现的规律性，在程序设计上就可以在接收有用信号的时区打开输入口，而在可能出现干扰信号的时区封闭输入口，从而滤掉干扰信号。

②空间原则：在程序设计上为保证接收到的信号正确无误，可从不同位置、用不同检测方法、经不同路线或不同输入口将接收到的同一信号进行比较，根据既定逻辑关系来判断真伪，从而滤掉干扰信号。

③属性原则：有用信号往往是在一定幅值或频率范围的信号，当接收的信号远离该信号区时，软件可通过识别予以剔除。

（2）软件"陷阱"

从软件的运行来看，瞬时电磁干扰可能会使 CPU 偏离预定的程序指针，进入未使用的 RAM 区和 ROM 区，引起一些莫名其妙的现象，其中死循环和程序"飞掉"是常见的。为了有效地排除这种干扰故障，常采用软件"陷阱"法。

这种方法的基本指导思想是，把系统存储器（RAM 和 ROM）中没有使用的单元用某种重新启动的代码指令填满，作为软件"陷阱"，以捕获"飞掉"的程序。一般当 CPU 执行该条指令时，程序就自动转到某一起始地址，从这一起始地址开始存放一段使程序重新恢复运行的热启动程序，该热启动程序扫描现场的各种状态，并根据这些状态判断程序应该转到系统程序的哪个入口，使系统重新投入正常运行。

（3）软件"看门狗"

"看门狗"（Watchdog）就是用硬件（或软件）的办法使用监控定时器定时检查某段程序或接口，当超过一定时间系统没有检查这段程序或接口时，可以认定系统运行出错（干扰发生），可通过软件进行系统复位或按事先预定的方式运行。"看门狗"是工业控制机普遍采用的一种软件抗干扰措施。当侵入的尖锋电磁干扰使计算机"飞程序"时，"看门狗"能够帮助系统自动恢复正常运行。

7. 提高系统抗干扰能力的措施

从整体和逻辑线路设计上提高机电一体化产品的抗干扰能力是整体设计的指导思想，对提高系统的可靠性和抗干扰性能关系极大。对于一个新设计的系统，如果把抗干扰性能作为一个重要的问题来考虑，则系统投入运行后，抗干扰能力就强。反之，如等到设备到现场发现问题才来修修补补，往往就会事倍功半。因此，在总体设计阶段，以下几个方面必须引起特别重视。

（1）逻辑设计力求简单可靠

对于一个具体的机电一体化产品，在满足生产工艺控制要求的前提下，逻辑设计应尽量简单，以便节省元件，方便操作。因为在元器件质量已定的前提下，整体中所用到的元器件数量越少，系统在工作过程中出现故障的概率就越小，亦即系统的稳定性越高。但值得注意的是，对于一个具体的线路，必须扩大线路的稳定储备量，留有一定的负载容度。因为线路的工作状态是随电源电压、温度、负载等因素的大小而变的。当这些因素由额定情况向恶化线路性能方向变化，最后导致线路不能正常工作时，这个范围称为稳定储备量。此外，工作在边缘状态的线路或元件，最容易接受外界干扰而导致故障。因此，为了提高线路的带负载能力，应考虑留有负载容度。例如，一个 TTL 集成门电路的负载能力是可以带 8 个左右同类型的逻辑门，但在设计时，一般最多只考虑带 5~6 个逻辑门，以便留有一定裕度。

（2）硬件自检测和软件自恢复的设计

由于干扰引起的误动作多是偶发性的，因而应采取某种措施使这种偶发的误动作不会直接影响系统的运行。因此，在总体设计上必须设法使干扰造成的这种故障能够尽快恢复正常。通常的方式是在硬件上设置某些自动监测电路，这主要是为了对一些薄弱环节加强监控，以便缩小故障范围，增强整体的可靠性。在硬件上常用的监控和误动作检出方法通常有数据传输的奇偶检验（如输入电路有关代码的输入奇偶校验），存储器的奇偶校验以及运算电路、译码电路和时序电路的有关校验等。

从软件的运行来看，瞬时电磁干扰会影响：堆栈指针 SP、数据区或程序计数器的内容，使 CPU 偏离预定的程序指针，进入未使用的 RAM 区和 ROM 区，出现一些如死机、死循环和程序"飞掉"等现象。因此，要合理设置软件"陷阱"和"看门狗"并在检测环节进行数字滤波（如粗大误差处理）等。

（3）从安装和工艺等方面采取措施以消除干扰

1）合理选择接地

许多机电一体化产品，从设计思想到具体电路原理都是比较完美的。但在工作现场却经常无法正常工作，暴露出许多由于工艺安装不合理带来的问题，从而使系统容易接受干扰。对此，必须引起足够的重视。如在选择正确的接地方式方面考虑交流接地点与直流接地点分离；保证逻辑地浮空（是指控制装置的逻辑地和大地之间不用导体连接）；保证机身、机柜的安全地的接地质量；甚至分离模拟电路的接地和数字电路的接地等。

2）合理选择电源

合理选择电源对系统的抗干扰也是至关重要的。电源是引进外部干扰的重要来源。实践证明，通过电源引入的干扰噪声是多途径的，如控制装置中各类开关的频繁闭合或断开，各类电感线圈（包括电机、继电器、接触器以及电磁阀等）的瞬时通断，晶闸管电源及高频、中频电源等系统中开关器件的导通和截止等都会引起干扰，这些干扰幅值瞬时可达千伏级，而且占有很宽的频率。显而易见，要想完全抑制如此宽频带范围的干扰，必须对交流电源和直流电源同时采取措施。

大量实践表明，采用压敏电阻和低通滤波器可使频率为 20 kHz~100 MHz 的干扰大大衰减。采用隔离变压器和电源变压器的屏蔽层可以消除 20 kHz 以下的干扰，而为了消除交流电网电压缓慢变化对控制系统造成的影响，可采取交流稳压等措施。

对于直流电源通常要考虑尽量加大电源功率容限和电压调整范围。为了使装备能适应负载在较大范围变化和防止通过电源造成内部噪声干扰，整机电源必须留有较大的储备量，并有较好的动态特性。习惯上选取 0.5~1 倍的余量。另外，尽量采用直流稳压电源。直流稳压电源不仅可以进一步抑制来自交流电网的干扰，还可以抑制由于负载变化所造成的电路直流工作电压的波动。

3）合理布局

对机电一体化设备及系统的各个部分进行合理的布局，能有效地防止电磁干扰的危害。合理布局的基本原则如下。

①使干扰源与干扰对象尽可能远离。

②输入端口和输出端口妥善分离。

③高电平电缆及脉冲引线与低电平电缆分别敷设等。

企业环境的各设备之间也存在合理布局问题。不同设备对环境的干扰类型、干扰强度不同，其抗干扰能力和精度也不同。因此，在设备位置布置上要考虑设备分类和环境处理，如精密检测仪器应放置在恒温环境，并远离有机械冲击的场所，弱电仪器应考虑工作环境的电磁干扰强度等。

一般来说，除了上述方案以外，还应在安装、布线等方面采取严格的工艺措施，如布线时注意整个系统导线的分类布置，接插件的可靠安装与良好接触，注意焊接质量等。实践表明，对于一个具体的系统，如果工艺措施得当，不仅可以大大提高系统的可靠性和抗干扰能力，还可以弥补某些设计上的不足之处。对机电一体化设备及系统的各个部分进行合理的布局，能有效地防止电磁干扰的危害。

任 务 训 练

1. 简述干扰的三个组成要素。
2. 简述电磁干扰的种类。
3. 简述干扰对机电一体化系统的影响。
4. 分析在机电一体化系统中常用的抗干扰措施。
5. 什么是屏蔽技术及其分类？
6. 机电一体化中隔离方法有哪些？
7. 什么是接地？常用的接地方法有哪些？各有什么优缺点？
8. 在机电一体化系统中怎样利用软件进行抗干扰？
9. 简述在机电一体化系统中提高抗干扰的措施有哪些。
10. 机电一体化系统中的计算机接口电路通常使用光电耦合器，请问光电耦合器的作用有哪些？
11. 控制系统接地通常要注意哪些事项？
12. 试举一个你身边机电一体化产品中应用抗干扰措施的例子并分析。
13. 为什么国家严令禁止个人和集体私自使用大功率无绳电话？

14. 请解释收音机（或电台）的频道（信号）接收工作原理。

15. 什么是工频？工频滤波原理是什么？

16. 计算机控制系统中，如何用软件进行干扰的防护？

<h1 align="center">学 习 评 价</h1>

课题学习评价表

序号	主要内容	考核要求	配分	得分
1	认识可靠性	1. 能完整陈述可靠性的定义及其三个"规定"； 2. 可以回答出可靠性的三要素； 3. 能说出增强可靠性的主要措施； 4. 可以清晰地介绍提高系统可靠性的途径和方法； 5. 能粗略说出机电一体化系统电子装置可靠性状况	50	
2	抗干扰技术	1. 会简单讲述电磁干扰的种类、传播途径及对应防护措施； 2. 在实际系统电路中能采取相应的抗干扰技术以及基本应用电路； 3. 根据实际的机电一体化系统能辨识出所采用的抗电磁干扰技术中的屏蔽技术、接地技术、电源滤波技术、耦合技术及其抑制的方法	50	
备注			自评得分	

课题7　分析典型机电一体化系统

本课题学习思维导图

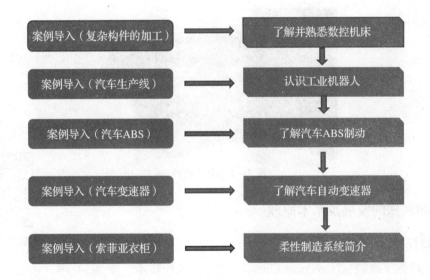

知识目标：通过此前各个项目的学习和本项目的系统分析，能够了解典型的机电一体化装置、产品的基本原理，了解具体装置或产品中所使用的各项技术以及在本装置或产品中的作用，并借此加深对机电一体化技术的认识和理解。

能力目标：初步具备识别什么是真正的机电一体化装置或产品的能力，通过典型装置的系统分析，具备识别、分析相关技术在系统整体中作用的能力。初步具备分析装置或产品整体性能的能力，了解改进性能的常见基本方法。

素质目标：发挥团队成员的作用，实现同学间互相配合。明确整体与部分的关系，各工作单元如果不能正常工作，会影响系统整体的运行。培养振兴中国机电一体化技术人员的时代责任感与担当。

学习任务1　了解并熟悉数控机床

案例导入

复杂构件的加工

　　随着航空、航海、汽车、智能家电等产业的发展，各种复杂构件不断涌现（图7-1），伴随而生的是对各种新型材料、加工方法，工艺的要求不断提高。而传统的加工设备已无法满足这些构件的加工需求，数控机床就应运而生了。

图7-1　复杂构件

数控机床资源

1. 数控机床的发展及基本原理

（1）数控机床的发展

　　数控，即数字控制（Numerical Control，NC）。数控技术，即 NC 技术，是指用数字化信息（数字量及字符）发出指令并实现自动控制的技术，这是近代发展起来的一种自动控制技术。目前，数控技术已经成为现代制造技术的基础支撑，数控技术和数控装备是制造工业现代化的重要基础。这个基础是否牢固直接影响一个国家的经济发展和综合国力，关系到一个国家的战略地位。因此，世界上各个经济发达国家均采取重大措施来发展自己的数控技术及其产业。

　　1952 年，麻省理工学院（MIT）在一台立式铣床上装上了一套试验性的数控系统，成功地实现了同时控制三轴的运动。这台数控机床被大家称为世界上第一台数控机床，如图7-2 所示，这是一台试验性机床。1954 年 11 月，在派尔逊斯专利的基础上，美国本迪克斯公司（Bendix - Cooperation）正式生产出第一台工业用的数控机床。

　　在此以后，从 1960 年开始，其他一些工业国家，如德国、日本都陆续开发、生产及使用了数控机床。

　　数控机床的发展中，值得一提的是加工中心。这是一种具有自动换刀装置的数控机床，它能实现工件一次装卡而进行多工序的加工。这种产品最初是在 1959 年 3 月，由美国卡耐—特雷克公司（Keaney & Trecker Corp.）开发出来的。这种机床在刀库中装有丝锥、钻

图7－2 世界上第一台数控机床

头、铰刀、铣刀等刀具，根据穿孔带的指令自动选择刀具，并通过机械手将刀具装在主轴上，对工件进行加工。它可缩短机床上零件的装卸时间和更换刀具的时间。加工中心现在已经成为数控机床中一种非常重要的品种，不仅有立式、卧式等用于箱体零件加工的镗铣类加工中心，还有用于回转整体零件加工的车削中心、磨削中心等。

现代数控机床正在向高速化、高精度化、高可靠性、高一体化、网络化和智能化等方向发展。

机床向高速化方向发展，可充分发挥现代刀具材料的性能，不但可大幅提高加工效率，降低加工成本，而且可提高零件的表面加工质量和精度。

精密加工正朝着超精密加工（特高精度加工）发展，其加工精度从微米级到亚微米级，乃至纳米级，应用范围日趋广泛。

数控机床的可靠性越来越高，当前国外数控装置的平均无故障运行时间（MTBF）已达6 000 h以上，驱动装置达30 000 h以上。

数控技术的智能化内容体现在数控系统中的各个方面：主要涉及如自适应控制，工艺参数自动生成；前馈控制，电动机参数的自适应运算，自动识别负载自动选定模型，自整定；智能化的自动编程，智能化的人机界面；智能诊断，智能监控等方面。

数控机床向柔性自动化系统发展的趋势：从点（数控单机、加工中心和数控复合加工机床）、线（FMC、FMS、FTL、FML）向面（工段车间独立制造岛）、体（分布式网络集成制造系统，CIMS）的方向发展。

（2）数控机床的基本原理

数控机床（Numerical Control Machine Tools）是指采用数字控制技术对机床加工过程进行自动控制的一类机床。国际信息处理联盟第五次技术委员会对数控机床作的定义是："数控机床是一个装有程序控制系统的机床，该系统能够逻辑地处理具有使用代码或其他编码指令规定的程序。"它是集现代机械制造技术、自动控制技术及计算机信息技术于一体，采用数控装置或计算机来部分或全部地取代一般通用机床在加工零件时的各种动作（如启动、加工顺序、改变切削量、主轴变速、选择刀具、冷却液开停以及停车等）的人工控制，是高效率、高精度、高柔性和高自动化的光、机、电一体化的数控设备。

简而言之，数控机床是一种装有程序控制系统的自动化机床。该控制系统能够逻辑地处理具有控制编码或其他符号指令规定的程序，并将其译码，从而使机床动作并加工零件。

2. 数控机床的构成

数控机床的原理构成如图7－3所示，实物结构如图7－4所示。

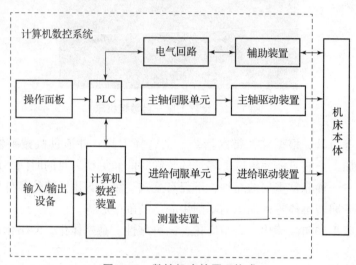

图7－3　数控机床的原理构成

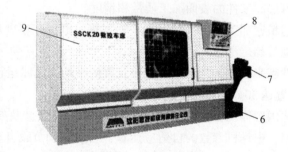

图7－4　数控机床实物结构

1—床身；2—尾座；3—回转刀架；4—主轴；5—主轴电机；6—冷却液箱；7—排屑机；8—控制面板；9—防护罩

从图7－3、图7－4可见，数控机床的基本组成部分有机床本体、输入/输出设备、驱动装置、检测装置、辅助控制装置、计算机数控装置等。

（1）机床本体

数控机床的机床本体基本上和传统机床类似，主要由主轴传动装置、进给传动装置、床身、工作台以及辅助运动装置、液压气动系统、润滑系统、冷却装置等组成。由于数控加工的特点，数控机床在整体布局、外观造型、传动系统、刀具系统的结构以及操作机构等方面都已发生了很大的变化，以适应数控机床的加工要求和充分发挥数控机床的功能。

（2）输入/输出装置

输入装置的作用是将程序载体（信息载体）上的数控代码传递并存入数控系统。根据控制存储介质的不同，输入装置可以是光电阅读机、磁带机或软盘驱动器等。

零件加工程序输入过程有两种不同的方式：一种是数控系统内存较小时，边读入边加工，加工速度比较慢；另一种是在数控系统内存足够大时，一次将零件加工程序全部读入数控装置内部的存储器，加工时再从内部存储器中逐段调出进行加工，这样的方式加工速度比较快。

数控机床加工程序可通过键盘用手工方式直接输入数控系统，也可由编程计算机串行口或网络通信方式传送到数控系统中。

输出是指输出内部原始参数、故障诊断参数等工作参数，一般在机床刚开始工作时需输出这些参数作记录保存，待工作一段时间后，再将输出与原始资料作比较、对照，可帮助判断机床工作是否维持正常。

（3）驱动、执行和位置检测装置

驱动装置接收来自数控装置的指令信息，经功率放大后，严格按照指令信息的要求驱动机床移动部件，以加工出符合设计要求的零件。所以，驱动装置的伺服精度和动态响应性能是影响数控机床加工精度、质量和提高生产率的重要因素。

驱动装置包括控制器（含功率放大器）和执行机构两大部分。目前大都采用直流或交流伺服电动机作为执行机构。

位置检测装置将数控机床各坐标轴的实际位移量检测出来，经反馈系统输入机床的数控装置之后，数控装置将反馈回来的实际位移量值与设定值进行比较，控制驱动装置按照指令设定值运动。

（4）辅助控制装置

辅助控制装置的主要作用是接收数控装置输出的开关量指令信号，经过编译、逻辑判别和运动，再经功率放大后驱动相应的电器，带动机床的机械、液压、气动等辅助装置完成指令规定的开关量动作。

这些控制包括：主轴运动部件的变速、换向和启停指令，刀具的选择和交换指令，冷却、润滑装置的启动停止，工件和机床部件的松开、夹紧，分度工作台转位分度等开关辅助动作。

可编程逻辑控制器（PLC）技术已在工业控制领域广泛应用，由于PLC具有响应快，性能可靠，易于使用、编程和修改程序以及在工业控制环境中的高抗干扰能力等特点，可直接作用于机床开关等控制电路，现已广泛应用于数控机床的辅助控制装置中。

（5）计算机数控装置

数控装置又称CNC单元，由信息的输入、处理和输出三个部分组成，是数控机床的核心。数控装置从内部存储器中取出或接收输入装置送来的一段或几段数控加工程序，经过数控装置的逻辑电路或系统软件进行编译、运算、译码、插补、逻辑处理后，输出各种控制信息和指令，控制机床各部分的工作，使伺服系统驱动执行部件进行规定的有序运动和动作。

1）什么是"插补"

零件的轮廓图形往往由直线、圆弧或其他非圆弧曲线组成，刀具在加工过程中必须按零件形状和尺寸的要求进行运动，即按图形轨迹移动。但输入的零件加工程序只能是各线段的起点和终点坐标值等数据，不能满足要求，因此要进行轨迹插补，也就是在线段的起点和终点坐标值之间进行"数据点的密化"，求出一系列中间点的坐标值，并向相应坐标输出脉冲信号，控制各坐标轴（即进给运动的各执行元件）的进给速度、进给方向和进给位移量等。

2）程序编制及程序载体

数控程序是数控机床自动加工零件的工作指令。在对加工零件进行工艺分析的基础上，确定零件坐标系在机床坐标系上的相对位置，即零件在机床上的安装位置；刀具与零件相对运动的尺寸参数；零件加工的工艺路线、切削加工的工艺参数以及辅助装置的动作等。得到零件的所有运动、尺寸、工艺参数等加工信息后，用由文字、数字和符号组成的标准数控代码，按规定的方法和格式，编制零件加工的数控程序单。编制程序的工作可由人工进行；对于形状复杂的零件，则要在专用的编程机或通用计算机上进行自动编程（APT）或 CAD/CAM 设计。

编好的数控程序，存放在便于输入数控装置的一种存储载体上，它可以是穿孔纸带、磁带和磁盘等。采用哪一种存储载体，取决于数控装置的设计类型。

图 7-5 所示为数控机床加工零件的过程示意，从图中可以清晰地看到数控机床的基本结构和在加工过程中的作用。

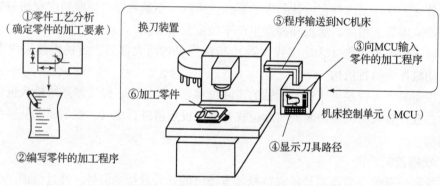

图 7-5 数控机床加工零件的过程示意

学习任务 2 认识工业机器人

 案 例 导 入

汽车生产线

如图 7-6 所示，汽车生产线是一种生产汽车流水作业的生产线，它包括焊接、冲压、涂装、动力总成等。现代的大型汽车制造企业均采用自动生产线，汽车生产的自动化水平大大提高。

在现代化的汽车生产线和工业生产现场，各种机器人是必不可少的，机器人以其工作效率高，时间长，"不知疲倦"，安装精确，不"惧怕"恶劣环境等优点，成为汽车生产及其他工业生产（如搬运机器人、焊接机器人等）的有力工具。

图7-7所示为汽车装配机器人的工作场景。

这些不知疲倦的汽车装配机器人就是工业机器人的一种。那么，什么是工业机器人呢？它是不是符合机电一体化产品的特征呢？

图7-6 汽车生产流水线

图7-7 汽车装配机器人的工作场景

什么是机器人

机器人的历史并不算长，1959年美国英格伯格和德沃尔制造出世界上第一台工业机器人，机器人的历史才真正开始。由图7-7可以看出，机器人并不都具有人的外形。国际上对机器人的概念已经逐渐趋近一致：机器人是靠自身动力和控制能力来实现各种功能的一种机器。联合国标准化组织采纳了美国机器人协会给机器人下的定义："一种可编程和多功能的操作机；或是为了执行不同的任务而具有可用计算机改变和可编程动作的专门系统。"

工业机器人资源

我国的机器人专家从应用环境出发，将机器人分为两大类，即工业机器人和特种机器人。工业机器人就是面向工业领域的多关节机械手或多自由度机器人，而特种机器人是除工业机器人之外的、用于非制造业并服务于人类的各种先进机器人，包括服务机器人、水下机器人、娱乐机器人、军用机器人、农业机器人、机器人化机器等。图7-8、图7-9所示分别是军用机器人和水下机器人。

（1）什么是工业机器人

工业机器人是面向工业领域的多关节机械手或多自由度的机器人。工业机器人是自动执行工作的机器装置，是靠自身动力和控制能力来实现各种功能的一种机器。它可以接受人类指挥，也可以按照预先编排的程序运行，现代的工业机器人还可以根据人工智能技术制定的原则纲领行动。

图7-8 军用机器人   图7-9 水下机器人

工业机器人按程序输入方式区分有编程输入型和示教输入型两类。编程输入型是将计算机上已编好的作业程序文件，通过RS-232串口或者以太网等通信方式传送到机器人控制柜。

示教输入型的示教方法有两种：一种是由操作者用手动控制器（示教操纵盒），将指令信号传给驱动系统，使执行机构按要求的动作顺序和运动轨迹操演一遍；另一种是由操作者直接领动执行机构，按要求的动作顺序和运动轨迹操演一遍。在示教过程的同时，工作程序的信息即自动存入程序存储器中，在机器人自动工作时，控制系统从程序存储器中检出相应信息，将指令信号传给驱动机构，使执行机构再现示教的各种动作。示教输入程序的工业机器人称为示教再现型工业机器人。图7-10所示为示教操纵盒和示教软件界面。

（a）   （b）

图7-10 示教操纵盒和示教软件界面

（a）示教操纵盒；

1—确认键；2—坐标键；3—手动速度键；4—区域键；5—选择键；6—翻页键；7—状态区；8—菜单区；
9—通用显示区；10—指示键；11—锁定开关；12—活动型式键；13—数字键、专用键

（b）示教软件界面

具有触觉、力觉或简单的视觉的工业机器人，能够在更为复杂的环境下工作。如果具有识别功能或更进一步增加自适应、自学习功能，即成为智能型工业机器人。它能按照人给的

"宏指令"自选或自编程序去适应环境,并自动完成更为复杂的工作。

(2) 工业机器人的构成

工业机器人一般由主体(手臂、手腕等)、驱动系统、控制器及传感器等组成,如图7-11所示。

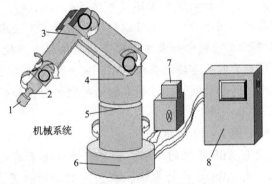

图7-11 工业机器人的构成

1—末端;2—腕部;3—肘部;4—肩部;5—腰部;6—基座;7—驱动系统;8—控制系统

机器人手臂一般可以具有3个乃至更多的自由度(运动坐标轴),机器人作业空间由手臂运动范围决定。手腕是机器人工具(如焊枪、喷嘴、机加工刀具、夹爪)与主构架的连接机构,它具有多个自由度。

工业机器人按臂部的运动形式分为4种。直角坐标型的臂部可沿3个直角坐标移动;圆柱坐标型的臂部可做升降、回转和伸缩动作;球坐标型的臂部能回转、俯仰和伸缩;关节型的臂部有多个转动关节。

驱动系统为机器人各运动部件提供力、力矩、速度、加速度,是让机器人实际动作的部分(马达,液压装置,空压装置等)。

控制器用于控制机器人各运动部件的位置、速度和加速度,使机器人手爪或机器人工具的中心点以给定的速度沿着给定轨迹到达目标点。

传感器是机器人和现实世界之间的纽带,用于识别外部环境(视觉传感器、声音传感器、嗅觉传感器、触觉传感器等),并将传感信号输入控制器,作为控制器的控制依据。

从以上对工业机器人的描述,我们可以清晰地看到:工业机器人完全具备机电一体化技术的特征,其组成部分包括机电一体化技术的主要部分,是典型应用了机电一体化技术的工业设备。

学习任务3 了解汽车 ABS 制动

案例导入

汽车 ABS

汽车制动是汽车工作中常见的工况,制动性能的优劣不仅关系到车辆能否正常工作,更是对车辆安全起着重要作用。尤其是紧急制动，更是人命关天的。因此，现代车辆都具备一套完备的制动系统。

防抱死制动系统（Anti – lock Braking System, ABS），通过安装在车轮上的传感器发出车轮将被抱死的信号，控制器指令调节器降低该车轮制动缸的油压，减小制动力矩，经一定时间后，再恢复原有的油压，不断的这样循环（可达 5~10 次/s），紧急制动时，始终使车轮处于转动状态而又有最大的制动力矩，既可以制动，同时，又使车辆转向能正常操作。

没有安装 ABS 的汽车，在行驶中如果用力踩下制动踏板，车轮转速会急速降低，当制动力超过车轮与地面的摩擦力时，车轮就会被抱死，完全抱死的车轮会使轮胎与地面的摩擦力下降，如果前轮被抱死，驾驶员就无法控制车辆的行驶方向，如果后轮被抱死，就极容易出现侧滑现象。

两种制动效果的比较如图 7 – 12 所示。

从图中可以看出，没有 ABS 系统的车辆，紧急制动时由于前轮被抱死无法正常转向，直直地冲向障碍物，但装有 ABS 系统的车辆，在紧急制动时，灵活的转向使之避开了障碍物。

那么，ABS 系统是如何构成，又是如何工作的呢？它是否是机电一体化技术的应用成果呢？

1. ABS 系统是如何工作的

汽车 ABS 资源

在常规制动阶段，ABS 并不介入制动压力控制，车轮的制动力由驾驶员脚踩制动踏板的力度决定。同时 ECU 利用各个轮速传感器检测各个车轮的转速，然后由此计算出车速，判断轮胎和道路情况，当监测到某个车轮的轮速减速过大，滑移率过大，车轮趋于抱死时，ABS 就进入防抱制动压力调节过程。ECU 控制执行器调节此车轮的制动力，以控制轮胎的最佳滑移率 S_p（10%~30%），避免车轮被抱死。

ABS 系统在车辆的安装位置如图 7 – 13 所示。

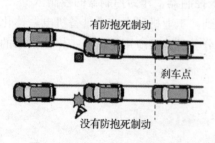

图 7 – 12　两种制动效果的比较

图 7 – 13　ABS 系统在车辆的安装位置

1—制动液管路；2—防抱死系统总阀；

3—刹车卡钳；4—制动总泵；

5—转向盘

ABS 系统的原理构成如图 7 – 14 所示。

当轮速传感器检测到车轮的滑移率刚刚超过 S_p 出现抱死趋势时，ABS 控制器输出信号

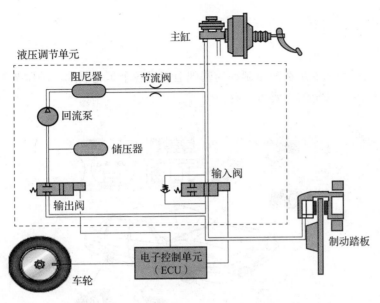

图 7－14 ABS 系统的原理构成

到制动压力调节器降低制动压力，减少车轮制动力矩，使车轮滑移率恢复到靠近稳定界限 S_p 的稳定区域内，压力保持，车轮速度上升。

当车轮的加速度超过某一值时，再次将制动压力提高，使车轮滑移率稍微超过稳定界限，压力保持，车轮速度又下降。

ABS 系统按上述"压力降低—压力保持—压力上升—压力保持—压力下降"循环反复将车轮滑移率控制在 S_p 附近的狭小范围内，以获得最佳的制动效能和制动时的方向稳定性和转向操纵能力。

常规制动——如图 7－14 所示，踩下制动踏板，ABS 尚未工作时，两电磁阀均不通电，进油电磁阀处于开启状态，出油电磁阀处于关闭状态，制动轮缸与低压储液器隔离，与主缸相通。制动主缸里的制动液被推入轮缸产生制动。

压力保持——如图 7－14 所示，当 ABS、ECU 通过轮速传感器检测到车轮的减速度达到设定值时，使进油电磁阀通电关闭，出油电磁阀仍处于断电关闭状态，轮缸里的制动液处于不流通状态，制动压力保持。

压力减小——如图 7－14 所示，当 ABS、ECU 通过轮速传感器检测到车轮趋于抱死时，进、出油电磁阀均通电，轮缸与低压储液器相通，轮缸里的制动液在制动蹄复位弹簧作用下流到低压储液器，制动压力减小。同时电动回油泵通电运转及时将制动液泵回主缸，踏板有回弹感。当制动压力减小到车轮的滑移率在设定范围内时，进油阀通电，出油阀断电，压力保持。

压力增高——如图 7－14 所示，当 ABS、ECU 通过轮速传感器检测到车轮的加速度达到设定值时，进、出电磁阀均断电，进油阀开启，出油阀关闭，同时回油泵通电，将低压储液器的制动液泵到轮缸，制动压力增加。

为避免 ABS 在较低的车速下制动时因制动压力的循环调节延长制动距离，ABS 有最低工作车速的限制，一般来说汽车行驶速度超过 8 km/h 时，ABS 才起作用。

2. ABS 系统的构成

（1）ABS 系统的构成

ABS 防抱死制动系统是在液压制动的基础上完成各个车轮制动力的调节工作，其主要元件如图 7 – 15 所示。系统的主要组成有：

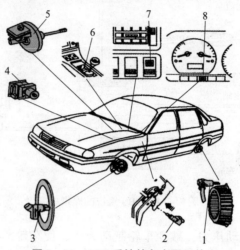

图 7 – 15　ABS 系统的各主要元件

1—后轮车速传感器；2—制动灯开关；3—前轮车速传感器；4—制动压力调节器；5—制动主缸；
6—诊断座；7—ABS 警告灯；8—制动警告灯

①常规液压制动系统：制动总泵、连接油管、制动分泵、车轮制动器等。

②轮速传感器：每个车轮均设有一个轮速传感器，检测各个车轮的转速。

③电子控制单元 ECU：处理轮速传感器的信号，然后由此计算出车速，判断轮胎和道路情况，控制执行器给每个车轮提供最佳制动力。

④制动压力调节器：制动压力调节器根据来自 ECU 的指令工作，保持、减小或增大制动的液压力，以控制轮胎的最佳滑移率，避免车轮被抱死。液压单元的基本组成包括电磁阀、回油泵及低压储液器。电磁阀为两位两通，每个轮缸两个，其中一个是常开进油阀，另一个是常闭出油阀。

⑤警告灯：包括仪表板上的制动警告灯和 ABS 警告灯。

（2）电子控制单元 ECU

ABS 电子控制单元（ECU）是 ABS 的控制中枢，其主要接收轮速传感器及其他传感器输入的信号，进行放大、计算、比较，按照特定的控制逻辑，分析判断后输出控制指令，控制制动压力调节器执行压力调节任务。

如图 7 – 16 所示，ABS、ECU 主要包括输入级电路、计算电路、输出级电路及安全保护电路。安全保护电路由电源监控、故障记忆、继电器驱动和 ABS 警告灯驱动电路等电路组成。当发现影响 ABS 系统正常工作的故障时，电子控制单元能根据微处理器的指令切断有关继电器的电源电路，ABS 停止工作，恢复常规制动功能，起到失效保护作用，并将故障信息以代码形式存储在 ECU 存储器内，同时使仪表板上的 ABS 警告灯点亮，提醒驾驶员。电子控制单元一般安装在发动机舱、仪表板下或行李箱中较安全的位置。

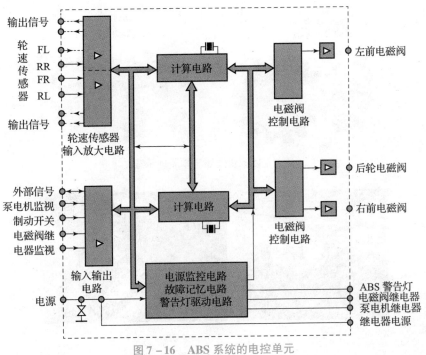

图7-16 ABS系统的电控单元

学习任务4 了解汽车自动变速器

案例导入

汽车变速器

　　汽车作为一种交通工具，必然会有起步、上坡、高速行驶等驾驶需要。这期间驱动汽车所需的扭力都是不同的，光靠发动机是无法应付的。因为发动机直接输出的转矩变化范围是比较小的，而汽车起步、上坡却需要大的转矩，而高速行驶时，只需要较小的转矩，如直接用发动机的动力来驱动汽车，就很难实现汽车的起步、上坡或高速行驶。另外，汽车需要倒车，也必须要用变速器来实现。

　　汽车变速器是汽车传动系统中最主要的部件之一，它是一套用来协调发动机的转速和车轮的实际行驶速度的变速装置，用于发挥发动机的最佳性能。变速器可以在汽车行驶过程中，在发动机和车轮之间产生不同的变速比，通过换挡可以使发动机在其最佳的动力性能状态下工作，其基本原理示意如图7-17所示。

　　换挡的原理其实很简单：齿轮转动时，齿数较小的 A 齿轮转速 > B 齿轮转速，则驱动力A < 驱动力B；齿数较大的 A 齿轮转速 < B 齿轮转速，则驱动力 A > 驱动力B。

　　汽车变速器按照操控方式可分为手动变速器和自动变速器。图7-18所示为汽车换挡操纵机构。

转速：A>B
驱动力：A<B

转速：A<B
驱动力：A>B

图 7-17　变速器基本原理示意

（a）　　　　　　　　　　　　　（b）

图 7-18　汽车换挡操纵机构

（a）手动挡；（b）自动挡

1. 手动变速器

手动变速器（Manual Transmission，MT），也叫手动挡，即必须用手拨动变速杆（俗称"挡把"）才能改变变速器内的齿轮啮合位置，改变传动比，从而达到变速的目的。手动变速在操纵时必须踩下离合，方可拨得动变速杆。一般来说，如果驾驶者技术好，手动变速的汽车在加速、超车时比自动变速车快，也省油。

2. 自动变速器

汽车自动变速器常见的有 4 种形式：液力自动变速器（AT）、机械无级自动变速器（CVT）、电控机械自动变速器（AMT）、双离合器自动变速器（DCT）。目前，汽车上应用最广泛的自动变速器是 AT，其几乎成为自动变速器的代名词。

自动变速箱由液力变扭器、行星齿轮和液压操纵系统组成，通过液力传递和齿轮组合的方式来达到变速变矩。图 7-19 所示为汽车变速器的结构示意。

（1）液力变矩器

液力变矩器位于自动变速器的最前端，安装在发动机的飞轮上，其作用与采用手动变速器的汽车中的离合器相似。它利用油液循环流动过程中动能的变化将发动机的动力传递给自动变速器的输入轴，并能根据汽车行驶阻力的变化，在一定范围内自动地、无级地改变传动比和扭矩比，具有一定的减速增扭功能。液力变矩器结构示意如图 7-20 所示。

（2）变速齿轮机构

自动变速器中的齿轮变速机构所采用的形式有普通齿轮式和行星齿轮式两种。采用普通

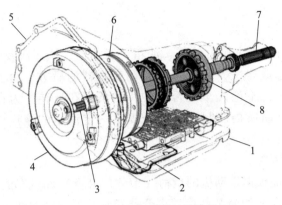

图7-19 汽车变速器的结构示意

1—底壳；2—滤清器；3—输入轴；4—变矩器；5—壳体；6—油泵；7—输出轴；8—行星齿轮变速器

齿轮式的变速器，由于尺寸较大，最大传动比较小，只有少数车型采用。目前，绝大多数轿车自动变速器中的齿轮变速器采用的是行星齿轮式，如图7-21所示。

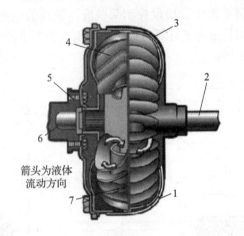

箭头为液体流动方向

图7-20 液力变矩器结构示意

1—泵轮；2—扭矩输出；3—泵轮外壳；4—涡轮叶片；
5—导轮轴栓槽；6—扭矩输入；7—内环

图7-21 自动变速器行星齿轮

1—行星齿轮组；2—液力变矩器

　　行星齿轮机构是自动变速器的重要组成部分之一，主要由太阳轮（也称中心轮）、内齿圈、行星架和行星齿轮等元件组成。行星齿轮机构是实现变速的机构，传动比的改变是通过以不同的元件做主动元件和限制不同元件的运动来实现的。在传动比改变的过程中，整个行星齿轮组还存在运动，动力传递没有中断，因而实现了动力换挡。

　　换挡执行机构的作用是改变行星齿轮中的主动元件或限制某个元件的运动及动力传递的方向和传动比，主要由多片式离合器、制动器和单向超越离合器等构成。

　　离合器的作用是把动力传给行星齿轮机构的某个元件，使之成为主动件。

　　制动器的作用是将行星齿轮机构中的某个元件抱住，使之不动。单向超越离合器也是行星齿轮变速器的换挡执行元件之一，其作用和多片式离合器及制动器基本相同，也是用于固定或连接几个行星排中的某些太阳轮、行星架和齿圈等基本元件，使行星齿轮变速器组成不

151

同传动比的挡位。

（3）供油系统

自动变速器的供油系统主要由油泵、油箱、滤清器、调压阀及管道所组成。油泵是自动变速器最重要的总成之一，它通常安装在变矩器的后方，由变矩器壳后端的轴套驱动。在发动机运转时，不论汽车是否行驶，油泵都在运转，为自动变速器中的变矩器、换挡执行机构、自动换挡控制系统部分提供一定油压的液压油。油压的调节由调压阀来实现。

（4）自动换挡控制系统

自动换挡控制系统能根据发动机的负荷（节气门开度）和汽车的行驶速度，按照设定的换挡规律，自动地接通或切断某些换挡离合器和制动器的供油油路，使离合器结合或分开、制动器制动或释放，以改变齿轮变速器的传动比，从而实现自动换挡。

自动变速器的自动换挡控制系统有液压控制和电液压（电子）控制两种。液压控制系统是由阀体和各种控制阀及油路所组成的，阀门和油路设置在一个板块内，称为阀体总成。不同型号的自动变速器阀体总成的安装位置有所不同，有的装置于上部，有的装置于侧面，纵置的自动变速器一般装置于下部。在液压控制系统中，增设控制某些液压油路的电磁阀，就成了电器控制的换挡控制系统，若这些电磁阀是由电子计算机控制的，则成为电子控制的换挡系统。自动变速器电子控制系统如图7-22所示。

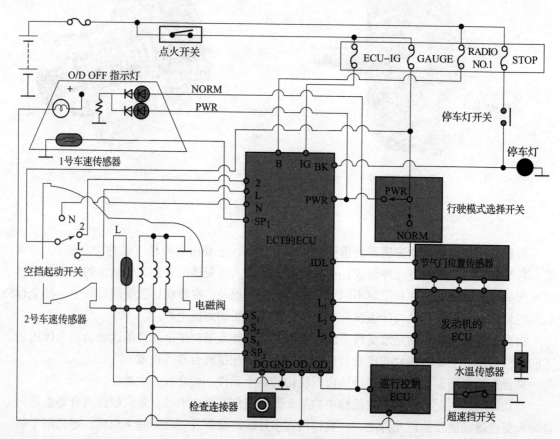

图7-22 自动变速器电子控制系统

（5）换挡操纵机构

自动变速器的换挡操纵机构包括手动选择阀的操纵机构和节气门阀的操纵机构等。驾驶员通过自动变速器的操纵手柄改变阀板内的手动阀位置，控制系统根据手动阀的位置及节气门开度、车速、控制开关的状态等因素，利用液压自动控制原理或电子自动控制原理，按照一定的规律控制齿轮变速器中的换挡执行机构的工作，实现自动换挡。

学习任务5　柔性制造系统简介

案例导入

索菲亚衣柜

伴随着工业4.0时代的来临，定制家居市场的个性化需求的实现要依靠智能化柔性生产。2003年，索菲亚公司开始做定制衣柜，新的工厂就是工业4.0模式。2013年索菲亚公司引入全球先进、亚洲一流的生产体系——柔性生产线。

走进索菲亚公司宁西一厂，整个柔性生产车间一片忙碌，然而不见太多工人的影子，生产机器上下左右摇臂，自动调整，几乎完成了压贴、开料、封边等生产流程。在板件进入自动打包环节前，一些工人细心地给板件的四角位置加上护垫，以防在运输过程中发生摩擦碰撞。加护垫的工序，也完全可以实现全自动化。

据了解，索菲亚定制衣柜柔性生产线生产能力达到2.8万件/天，相当于约700套衣柜/天，不仅工作效率高，而且细致精准，如对角线偏差可以控制在0.5 mm以内。目前，柔性化生产线已在索菲亚全国各生产基地建设铺开，除广州增城外，河北廊坊、浙江嘉善、四川成都、湖北黄冈都建有柔性生产线，形成了强大的生产支撑体系，为业内领先。

什么是柔性制造技术？什么又是柔性制造系统呢？

1. 柔性制造技术 FMT

所谓"柔性"，即灵活性，主要表现在以下几个方面：

①生产设备的零件、部件可根据所加工产品的需要变换；

②对加工产品的批量可根据需要迅速调整；

③对加工产品的性能参数可迅速改变并及时投入生产；

④可迅速而有效地综合应用新技术；

⑤对用户、贸易伙伴和供应商的需求变化及特殊要求能迅速做出反应。

柔性制造技术（Flexible Manufacturing Technology，FMT）是对各种不同形状加工对象实现程序化柔性制造加工的各种技术的总和。柔性制造技术是技术密集型的技术群，凡是侧重柔性，适应多品种、中小批量（包括单件产品）的加工技术都属于柔性制造技术。

目前，柔性制造技术按规模大小划分为柔性制造系统（FMS）、柔性制造单元（FMC）、柔性制造线（FML）、柔性制造工厂（FMF）4 类。

2. 柔性制造系统（FMS）

柔性制造系统（Flexible Manufacturing System，FMS）是由统一的信息控制系统、物料储运系统和一组数字控制加工设备组成，能适应加工对象变换的自动化机械制造系统。图 7–23 是典型的柔性制造系统。

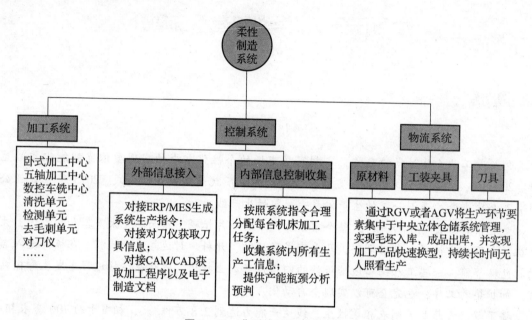

图 7–23　典型的柔性制造系统

典型的 FMS 由 3 个部分组成：加工系统、物流系统和控制系统（信息流系统）。

（1）加工系统

加工系统的功能是以任意顺序自动加工各种工件，并能自动地更换工件和刀具。其通常由若干台加工零件的 CNC 机床、CNC 加工设备等构成。

对以加工箱件零件为主的 FMS 配备有数控加工中心；对以加工回转体零件为主的 FMS 多数配备有 CNC 车削中心和 CNC 车床；也有能混合加工两种零件的 FMS，它们既配备有 CNC 加工中心，也有车削中心和车床。对于专门零件加工如齿轮加工的 FMS，除 CNC 车床外还配备 CNC 齿轮加工机床。在现有的 FMS 中，加工箱体零件的 FMS 占比较大，主要是由于箱体、框架类零件采用 FMS 加工时经济效益特别显著。

（2）物流系统

FMS 的物流系统与传统的自动线有很大的差别，整个工件输送系统的工作状态是可以进行随机调度的，而且都设置有储料库以调节各工位上加工时间的差异。物流系统包含工件的输送和存储两个部分。

（3）信息流系统

FMS 的信息流系统采用三级分布式控制，分别是设备控制级、工作站控制级、单元控制级。并用计算机集成制造系统来实现与企业内部其他系统的有效集成。

设备控制级针对各种设备，如机器人、机床、坐标测量机、小车、传送装置以及储存/检索等单机控制。设备控制器通常由设备制造商提供，运行在设备控制机上，如 NC、CNC 等。这一级的控制系统向上与工作站控制系统用接口连接，向下与设备连接，主要功能是对设备进行控制和管理，实现相应的功能，所以对于集成到 FMS 中的设备还必须实现 FMS 接口功能。

3. FMS 的未来发展

1967 年，英国莫林斯（Molins）公司建成首条柔性制造系统（FMS），这标志着机械制造行业进入了一个新的发展阶段。随着社会对产品多样化、低制造成本及短制造周期等需求日趋迫切，以及微电子、计算机、通信、机械与控制设备等技术的日益成熟，FMS 以其独到的特点发展颇为迅速。

FMS 最早出现并应用于欧美国家。20 世纪 70 年代中末期，日本呈现"泡沫经济"，汽车制造业迅速发展，市场需求量大大增加。例如，当时丰田汽车的生产量高达两 300 万台。然而，当时的传统生产方式，无法满足大批量的汽车零部件生产需求，以及汽车零部件同一性要求。于是，为了适应市场需求，解决劳动力严重短缺，以及零部件加工同一性等问题，丰田在汲取欧美失败经验的基础上开始引进 FMS 系统，并将其应用于汽车零部件的加工。此后，FMS 也逐渐被应用到日本机床加工行业。经过近 50 年的发展，日本企业在 FMS 应用上取得了丰硕成果，也实现了日本工业生产的深刻变革。

中国也不甘落后，20 世纪 80 年代，随着 FMS 在日本逐渐得到普及，很多国有大型企业也开始研究、购买和采用 FMS。然而，由于国内对 FMS 出现原因、应用缘由以及具有哪些本质特点等问题研究不够透彻，使 FMS 应用严重脱离市场和生产实际，计算机及自动化应用基础薄弱，加之受限于当时的资金、技术水平、配套技术、操作人员的素质等因素，导致在很长时间内，FMS 也没有发挥其应用价值。近年来，受国外 FMS 高速发展的影响，我国推进智能工厂转型需求，很多国内企业也重新逐步开始重视发展 FMS，这尤其反映在中国制定的一系列制造强国战略之中。

展望未来，制造业将不再是规模化和标准化，而是柔性化和个性化，而这也正是 FMS 的用武之地。

学 习 评 价

课题学习评价表

序号	主要内容	考核要求	配分	得分
1	数控机床	1. 能明确数控机床的重要作用，基本的工作原理； 2. 能分析常规的数控机床的基本结构，各部分的作用； 3. 能站在机电一体化技术的高度上分析数控机床各部分的技术构成以及作用； 4. 结合自身的专业学习和实训，初步具备自主学习和分析类似设备原理、结构和作用的能力	20	
2	工业机器人	1. 能明确工业机器人的重要作用，基本的工作原理； 2. 能分析常规的工业机器人的基本结构，各部分的作用； 3. 能站在机电一体化技术的高度上，分析工业机器人各部分的技术构成以及作用； 4. 结合自身的专业学习和实训，初步具备自主学习和分析类似设备原理、结构和作用的能力	20	
3	ABS 制动系统	1. 能明确 ABS 制动系统对现代汽车安全行驶的重要作用，并了解其基本的工作原理； 2. 能分析常规的 ABS 制动系统的基本结构，各部分的作用； 3. 能站在机电一体化技术的高度上分析 ABS 各部分的技术构成以及作用； 4. 结合自身的专业学习和实训，初步具备自主学习和分析类似设备原理、结构和作用的能力	20	

续表

序号	主要内容	考核要求	配分	得分
4	自动变速器	1. 能明确自动变速器的重要作用，基本的工作原理； 2. 能分析常规的自动变速器的基本结构，各部分的作用； 3. 能站在机电一体化技术的高度上，分析自动变速器各部分的技术构成以及作用； 4. 结合自身的专业学习和实训，初步具备自主学习和分析类似设备原理、结构和作用的能力	20	
5	其他 机电一体化设备	1. 结合本课程的学习，能够自主查阅资料，分析其他机电一体化装备或产品的基本原理、构成和作用； 2. 通过本课程的学习，进一步了解机电一体化技术发展的趋势，以及其在国民经济中的重要作用	20	
备注			自评得分	

参 考 文 献

［1］ 罗林，胥玉萍，宋春华. 传感器的最新应用与发展［J］. 信息通信，2016，03：176 - 177.

［2］ 孙福强，邓丽华，刘宇，等. 传感器技术应用及发展趋势探析［J］. 电子技术与软件工程，2014，12：127.

［3］ 井云鹏，范基胤，王亚男，等. 智能传感器的应用与发展趋势展望［J］. 黑龙江科技信息，2013，21：111 - 112.

［4］ 谭文杰，崔日婷. 浅析光电传感器技术在地铁中的应用［J］. 科技风，2012，11：106.

［5］ 张迪. 几种生物传感器表面修饰技术研究及微型化制备初探［D］. 天津：南开大学，2014.

［6］ 崔绍庆. 基于不同纳米材料修饰的 QCM 气敏传感器的制备及人工嗅觉系统的实现［D］. 杭州：浙江大学，2015.

［7］ 徐筱龙，徐国华，曾志林，等. 水下跟踪定位用接近觉传感器研究［J］. 中国造船，2010，01：131 - 139.

［8］ 王淑华. MEMS 传感器现状及应用［J］. 微纳电子技术，2011，08：516 - 522.

［9］ M Sohgawa, D Hirashima, Y Moriguchi, et al. Tactile sensor array using micro - cantilever with nickel – chromium alloy thin film of low temperature coefficient of resistance and its application to slippage detection［J］. Marine Pollution Bulletin, 2007, 54 (1): 32 - 41.

［10］ 安春华，武文革，伏宁娜，等. NiCr 薄膜传感器的切削力无线监测系统设计［J］. 制造技术与机床，2016 (1)：111 - 114.

［11］ Cheng Yunping, Wu Wenge, Du Xiaojun, et al. Microfabrication and characterization of tool embedded Ni - chrome thin film micro - sensors for cutting force measurement［C］. The 13th Conference on Machining & Advanced Manufacturing Technology. 2015. 5.

［12］ Wu Wenge, Cheng Yunping, Du Xiaojun. Cutting force measurement based on tool embedded Ni - chrome thin - film micro - sensors［J］. Journal of Measurement Science and Instrument, 2014 (4): 16 - 19.

［13］ F Schmaljohann, D Hagedorn, A Buß, et al. Thin - film sensors with small structure size on flat and curved surfaces［J］. Measurement Science & Technology, 2012, 23 (23): 894 - 894.

［14］ C Taylor, SK Sitaraman. In - situ strain measurement with metallic thin film sensors［J］. Electronic Components & Technology Conference, 2012, 7 (2): 641 - 646.

［15］ O Suttmann, U Klug, R Kling. On the damage behaviour of Al_2O_3 insulating layers in thin film systems for the fabrication of sputtered strain gauges［J］. Proceedings of SPIE—The

International Society，2011，7925：792515 - 792515 - 7.

［16］ Chen X，Cheng K，Wang C. Design of an innovative smart turning tool with application to real - time cutting force measurement ［J］. Proceedings of the Institution of Mechanical，2014，229（3）：563 - 568.

［17］ 韩连英，王晓红. 光纤传感器在机械设备检测中的应用 ［J］. 光机电信息，2015，03：51 - 55.

［18］ 张韩飞. 无线传感器网络的应用 ［J］. 电子世界，2014，05：126.

［19］ 智能门铃 sensor：远程开门防火防盗 ［J］. 中国教育网络，2014，07：80.

［20］ 焦海华. 无线传感器网络在交通灯故障监测中的研究 ［D］. 昆明：昆明理工大学，2013.